marché

编织大花园

10周年纪念版

日本宝库社　编著

蒋幼幼　译

感恩

2006年在日本首次出版的《编织大花园》，
在广大读者的爱护下，迎来了10周年纪念版。
就像在商场享受购物的乐趣一样，
请大家在书里探寻心仪之物吧！

河南科学技术出版社

·郑州·

目录 Contents

希望编织和穿着
传统的阿兰花样

温暖的手编质感、充满魅力的花样图案，
阿兰编织是永不过时的编织主题。
此次收集的作品雅致却不失可爱。
何不努力一下，挑战试试？

back
style

身片由直编完成的各
个部分缝合而成。为
了方便穿戴，在帽子
顶部和袖下做少量的
减针。

连帽开衫

只有少量减针、几乎都是直编完
成的正装风格毛衣。
极粗毛线既有质朴感又青春可爱。
虽然是连帽长袖开衫设计，
穿起来却非常轻便。

设计／钓谷京子（ buono buono ）
制作方法／p.75
使用线／Rover・Rover Colors（新色）

摄影：Ikue Takizawa 造型：Kana Okuda (Koa Hole)
发型及化妆：Yuriko Yamazaki 模特：Lindsey

4

三角形披肩

用幼羊驼绒线精心编织完成的披肩，
手感松软，阿兰花样的组合非常漂亮。
或者披在肩上，或者围在脖子上，
都将成为搭配的亮点，非常实用。

设计 / Yuka Kobayashi（笔名tsumugi）
制作方法 / p.81
使用线 / Arles（中粗）

front
style

缝上一颗纽扣，
穿戴起来更加自由。
从前面看，就像装饰领。
也可用作围巾，
随意地横向围在脖子上。

Snood

3 色围脖

将 3 片织物组合在一起的拼布风围脖，
时尚感非常强，独特的设计格外亮眼。
围上几圈都不会显得臃肿，
使用起来非常方便。

设计／冈本启子
制作／小林则子
制作方法／p.83
使用线／PURA LANA BARUFFA DK
（中粗）、Alternate wool

other style

或者展开直接挂在脖子上，
或者调整位置后绕几圈围在脖子上。
围法不同，给人的印象也会随之改变。
尽情享受各种不同的围法带来的乐趣吧！

露指手套

由细麻花针编织而成的竹篮
花样，自然、时尚。
百搭的简约风格正是此款作
品的魅力所在。

设计 / KUMIKO
制作方法 / p.78
使用线 / Fontaine

祖母风手提包

漂亮的绿色在秋冬的景色中尤其引人
注目。
此款祖母风手提包的阿兰花样是用钩
针编织而成的，针目紧密，即使没有
衬布也非常结实。
所用线材出绒效果较好，作品更显温暖。

设计 / 越膳夕香
制作方法 / p.77
使用线 / Lara

麻花针扭花发带

编织 2 条麻花针饰带后组合成发带，
给人一种既休闲又成熟的时尚感。
使用加入了金银丝的马海毛线，
编织的阿兰花样也非常新颖。

设计 / KUMIKO
制作方法 / p.81
使用线 / Jewel

other
style

如果改变2条饰带的交叉方法，会给人不同的感觉。

Hair Band

Vest

从上往下编织的
短袖套头衫

这是一款从领口开始往下编织的套头衫，
中间的菱形钻石图案给人深刻的印象。
虽然图解有点复杂，但是无须缝合。
所以，编织起来比较简单，
而且侧边没有接缝，穿着更加舒适。

设计／风工房
制作方法／p.79
使用线／Loiseau Bleu

披肩式短上衣

将立体感很强的阿兰花样和简单的下
针花样组合在一起，
用直编的方式编织长方形的大织片。
缝合两端的边缘后，
一件漂亮的上衣就完成了。

设计 / pear（铃木敬子）
制作方法 / p.84
使用线 / Loiseau Bleu

front style

other style

还可以上下倒过来穿着。

丰富多彩的阿兰花样

漂亮的阿兰花样的故乡是爱尔兰西面的阿兰群岛。
阿兰花样的各种名称就来源于以渔业为主的岛屿生活。

Diamond 钻石花样
代表性的阿兰花样之一，
象征着财富与成功。

Bobble 泡泡针
表现了大海的泡沫。
与生命之树花样相结合，
看起来也像是树上的果实。

Cable 麻花针
表现了捕鱼时使用的缆绳，
可以说是阿兰花样的基础花样。
麻花针有很多的变化形式。

Trellis 格子花样
表现了阿兰群岛的象征性风
景，即人们为了守护辛苦开
垦的土地而修建的石墙。

Honeycomb 蜂巢花样
排列锁链式麻花针，
表现了蜂巢的形状。
努力酿造蜂蜜的蜜蜂，
象征着勤劳的品质。

Basket 竹篮花样
表现了渔民使用的鱼篓，
象征着捕鱼的成功，即渔业丰收。

Zig-Zag 之字形花样
象征着曲折的人生、
岛屿沿岸的断崖。

Moss Stitch 桂花针
表现了长满青苔的大地。

Tree of Life 生命之树
表现了茁壮成长的树木，
蕴含着长寿和子孙兴旺的美好愿望。

作品中使用的线

Loiseau Bleu
羊毛（有机羊毛、超细美
利奴羊毛）100% 全10色
40g/团，约73m 中粗

Fontaine
幼羊驼绒20%、羊毛80%
全10色 40g/团，约94m 粗

**PURA LANA BARUFFA DK
（中粗）**
羊毛（超细美利奴羊毛）
100% 全12色 50g/团，
约115m 中粗

**Rover · Rover Colors
（新色）**
羊毛100% 全10色 40g／团，
约56m 极粗

Arles（中粗）
幼羊驼绒100% 全5色
50g/团，约122m 中粗

Lara
棉57%、羊驼绒43% 全10色
50g/团，约95m 极粗至超级粗

Alternate wool
羊毛（美利奴羊毛）
100% 全5色 40g/团，
约90m 中粗

Jewel
涤纶55%、羊毛（美利奴羊毛）
45% 全7色 40g/团，约100m
中粗至极粗

百变穿搭推荐

"手编毛衣太土气"，那是很久以前的事了。
编织完成后马上穿戴好出门吧！
也可以编织很多小物进行组合搭配哟！

摄影：Ikue Takizawa 造型：Kana Okuda (Koa Hole)
发型及化妆：Yuriko Yamazaki 模特：Lindsey

coordinate 2

coordinate 1

Which coordinate do you like?

p.6 3色围脖 +
p.56帽子

红色系的围脖形成鲜明的对比色，
配色非常漂亮。
手编的帽子色调柔和，
尽显少女风。

coordinate 3

p.4 连帽开衫 +
p.53 麻花针帽子

少女风裙子搭配编织帽和偏粗
犷的靴子，
给人一种中性的感觉。
自然色的基础款毛衣，
可以与任何风格的服饰搭配，
非常实用。

p.7露指手套 +
p.51可做围巾的V领交叉开衫 +
p.21踩脚保暖袜套

斗篷长度的上衣搭配宽大的裤子，
再在脖子上围上几圈围巾
保持平衡感。
手腕和脚腕处分别露出的一截手套
和袜套增添了一丝暖意。

coordinate 6

**p.5三角形披肩 +
p.16花片连接手拿包**

宽松连衣裙搭配皮靴的假日风。
个性的手拿包给简约的搭配
增添了亮色。

coordinate 4

**p.53镂空花样的帽子 +
p.32小星星花样的连指手套**

白色的冬裙和白色的毛线帽，
简约的搭配使红色花样的连指
手套显得格外漂亮。
鲜红的开衫更是给人深刻的印象。

coordinate 7

**p.29小狐狸围巾 +
p.7祖母风手提包**

脖子上厚实的围巾非常吸引人眼球，
再搭配简洁的下装，风格独特。
颜色漂亮、温暖的手提包，
也是搭配的亮点。

coordinate 5

**p.10披肩式短上衣 +
p.54条纹花样的尖顶帽子**

颜色漂亮的短上衣，
搭配条纹花样的针织帽和
刺绣图案的裤子，
时尚感满分。

还是最爱
可爱的花片

一个花片已非常可爱，如果将花片连接起来会更加有趣。
圆形的、四边形的、六边形的，还有花朵形状的；有小花片，也有大花片。
用各种线材编织各种颜色的花片，一起度过快乐的时光吧！

摄影：Yukari Shirai 造型：Megumi Nishimori

Lovely
Crochet
Motifs

B

A

C

针插

在短针的基础织片上叠加花片制作完成了松软针插。

针插C前面的花片中的"卷针"是在钩针上连续绕线后钩织的。

每次做手工时，总想将它放在旁边。

设计 / Yasuko Sebata
制作方法 / p.85
使用线 / Daruma手编线 美利奴羊毛（中粗）

针数记号圈

在蕾丝线编织的小花片上装上单圈和圆环，制作成针数记号圈，用于棒针编织时会非常方便。

五彩的颜色似乎还能让心情变好呢。

设计 / Yasuko Sebata
制作方法 / p.86
使用线 / Daruma手编线 蕾丝线#20

剪刀挂件及吸针器

编织2个卷针花片，钩短针进行连接。

剪刀挂件可以用作小剪刀的标记，或者大剪刀的挂饰。

中间放入磁铁的吸针器可以防止针丢失。

设计 / Yasuko Sebata
制作方法 / p.86
使用线 / Daruma手编线 美利奴羊毛（中粗）

花片连接手拿包

连接许多小花片制作完成的大容量手拿包，
充满了手工的魅力。
搭配服饰使用，将是一大亮点。

设计／越膳夕香
制作方法／p.92
使用线／Puppy BRITISH EROIKA

大开口的弹片口金操作简单、使用方便。
用稍粗的线材钩织，针目紧密，
即使不用衬布也非常结实。

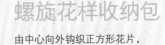

螺旋花样收纳包

由中心向外钩织正方形花片，
折叠并缝合成简单的收纳包。
将细绳一圈圈绕在纽柄上，
可以根据收纳的物品调节包的大小。

设计／越膳夕香
制作方法／p.88
使用线／Hamanaka Aran Tweed

将大花片折叠成信封状，
用缝在包口的细绳缠绕纽柄，固定包口。

在花瓣的尖端连接花片。
因为是大花片，
编织起来既有趣又快速。

毯子

连接大花片制作完成的毯子就像一片花圃，
给室内装饰增添了温暖。
使用沉稳色调的多色线材，
非常适合装点房间。

设计 / Naomi Kanno
制作 / 菅野叶月
制作方法 / p.87
使用线 / Hamanaka Fair Lady 50

梯形披肩

用自然柔和的紫色编织星形花片，
连接成披肩，优雅又不失青春气息，
任何年龄都可以用来搭配相应的服饰。
如果用亚麻羊毛混纺线编织，
可以披戴3个季节哟！

设计 / Yumiko Kawaji
制作方法 / p.91
使用线 / Ski 风花

从后面看，
清爽整洁。

用剩余的线编织胸花，非常实用。

两用长裙

花片也可以与花样组合使用。
下摆的2排连接花片给人深刻的印象。
在上部穿入细绳，
再扣上肩带，背带裙就完成了。

设计／冈本启子
制作／宫崎满子
制作方法／p.89
使用线／Hamanaka Fair Lady 50

也可作为罩裙使用的两用款式。
肩带也可用作饰带。
太温暖了，会不会舍不得脱下来呢？！

用各种方法编织 漂亮的袜子

袜子编织一直非常受欢迎。
从袜口还是袜头开始编织？用棒针还是用钩针编织？
选择自己喜欢的编织方法试试看吧！
即使不用复杂的编织方法，也能制作出既合脚又舒适的袜子。

摄影：Yukari Shirai (p.20 ~ p.24), Koji Okazaki (p.26、p.27) 造型：Megumi Nishimori

Cute Socks

配色编织的袜子

从袜口开始编织的这款袜子，
镂空花样和配色花样的组合非常可爱。
由于袜跟和袜头是后面编织的，
即使穿破了也很容易拆掉重新编织，
非常方便。

设计／茂木三纪子
制作方法／p.112
使用线／Olympus Milky Kids

踩脚保暖袜套

将袜跟和袜头部分改成罗纹针，
编织成踩脚的保暖袜套。
穿在袜子或紧身裤的外面，
享受搭配的乐趣吧！

设计／茂木三纪子
制作方法／p.112
使用线／Olympus Milky Kids

point

袜头和袜跟的编织方法大致相同。
挑取袜跟针目时的编织要领是：
在两端做扭针加针，以免出现小洞。

point

无须编织容易磨损的袜跟和袜头，
优点就是更加耐穿了。
制作方法也比袜子简单。

阿兰花样的袜子

这是一双用钩针编织的阿兰花样的袜子。
如果用手感柔和的线材编织,
也非常适合睡觉时穿着。
袜跟的裆分立体设计是编织的要点。

设计 / Kayomi Yokoyama
制作方法 / p.99
使用线 / Hamanaka Sonomono Suri Alpaca

3 色编织的袜子

对上面袜子的主体花样做了大胆的改变,
用彩色、结实的线进行了配色编织。
只有钩针编织才能有如此独特的效果。

设计 / Kayomi Yokoyama
制作方法 / p.99
使用线 / Hamanaka Korpokkur

螺旋花样的袜子

一点点错开着编织罗纹针，
使作品呈现螺旋状花样。
虽然是直编的袜子，
袜跟位置却非常合脚。

设计／冈本真希子
制作方法／p.99
使用线／Hobbyra Hobbyre Goomy 50

point

因为没有编织袜跟，无论多大尺寸
的脚都会很合适。如果用段染线编
织，即使是简单的编织方法，作品
看起来也会非常精致。

从袜头开始编织的袜子

特点是方便调节袜筒的长度，
开始编织的方法尤其简单。
首先编织 12 针、4 行的小织片，
然后挑取一圈的针目，
一边在两端加针一边环形编织即可。

point

设计 / 冈本真希子
制作方法 / p.25
使用线 / Hamanaka Amerry

袜子底部和后侧全部是下针编织，非常简单。
袜面暂时休针后，一边加减针一边编织袜跟。
最后做挑针缝合，处理好线头。

\other color/

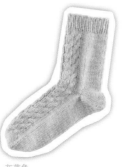

姜黄色

秋冬季节的人气颜色姜黄色（3），在搭配中作为对比色，给人明亮的感觉。

灰蓝色

淡淡的灰蓝色（29）是新色，增加了自然、休闲的感觉，作品也更加时尚。

从袜头开始编织的袜子

材料与工具

Hamanaka Amerry 灰色（22）70g
棒针 5 号（5 根一组的棒针），钩针 8/0 号（用于起针）

成品尺寸

袜底长 22.5cm

密度

10cm×10cm面积内：下针编织24.5针、30行，编织花样32针、30行

编织要点

● 用另线锁针起针法起12针，参照图解从袜头开始编织，往返编织4行下针。
● 从第5行开始一边加针，一边解开另线锁针挑取12针，编织10行。接着，袜脚部分按下针编织和编织花样42行，无须加减针。
● 将袜面的27针休针备用，袜跟部分一边加减针一边织30行下针编织。
● 袜筒部分按下针编织和编织花样织36行，无须加减针。
● 减针后编织单罗纹针，编织完9行后做伏针收针。
● 袜跟部分做挑针缝合。

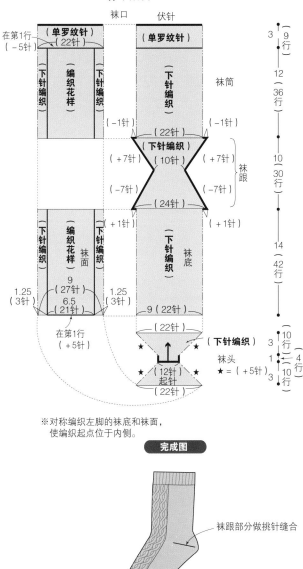

※对称编织左脚的袜底和袜面，使编织起点位于内侧。

完成图

袜跟部分做挑针缝合

※本书图中表示长度的数字，未特别注明的单位均为厘米（cm）。

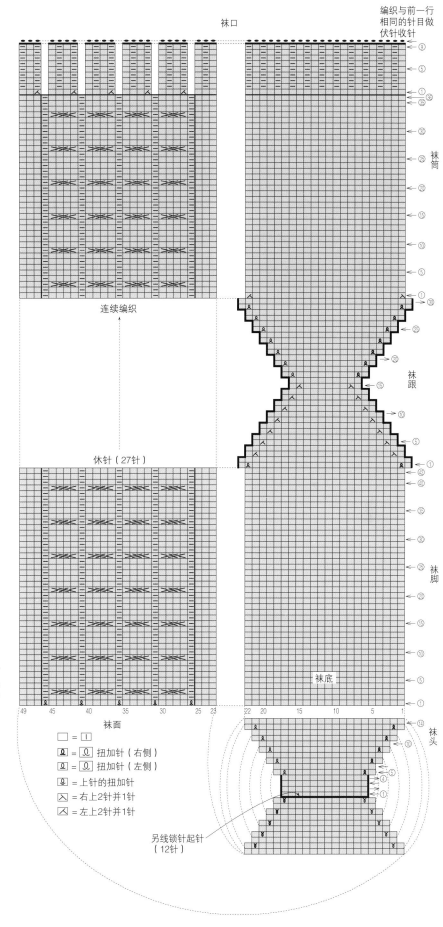

主体（右脚）

□ = ▯

▯ = ▯ 扭加针（右侧）

▯ = ▯ 扭加针（左侧）

▯ = 上针的扭加针

⅄ = 右上2针并1针

⅄ = 左上2针并1针

另线锁针起针（12针）

一起尝试从袜头开始编织袜子吧！

开始编织的方法和收尾方法是重点。
因为加针和减针基本上是左右对称的，以两端的记号圈为标记，有规律地往下编织吧！

编织最初的4行

正面

反面

1 用8/0号钩针、另线锁针起针法起12针（用与实际编织用线不同的线钩织）。

2 在另线锁针编织终点一侧的里山里插入5号棒针（5根一组的棒针），用实际编织用线挑取针目。

正面

反面

3 挑取12针完成的状态。这是第1行，翻至反面继续编织第2行。

4 用往返编织的方法编织4行。

一边加针一边环形编织袜头
（第5行的1～14针）

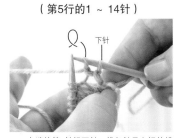
下针

5 右端的第1针织下针。挑起针目之间的横线织右侧的扭加针（参照p.74）。

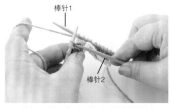
棒针1

棒针2

6 编织10针左右后，换1根棒针继续编织。
※假定刚才编织时用的右棒针为"棒针1"，接下来用的棒针为"棒针2"。

7 编织至左端的末尾1针前，挑起针目之间的横线编织左侧的扭加针（参照p.74）。继续编织左端剩下的1针。

（第5行的15～28针）

8 这里要将起针的另线锁针解开并移至棒针上。从另线锁针的编织终点一侧（第1行第1针挑针的一侧）开始解开。

9 一边看着织片的反面，一边将另一根棒针从后往前插入端针，解开1针另线锁针。

10 解开2针后的状态。一针一针逐一解开另线锁针并将针移至棒针上。

解开另线锁针挑起的针目

棒针1   棒针2   接下来编织的针目（第15针）

11 解开另线锁针将12针移至棒针后，翻至织片的正面。用棒针2从第15针开始继续编织。
※在织15针前，先在棒针上放入针数记号圈。

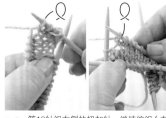

12 第16针织右侧的扭加针。继续编织（在中途合适的位置换针），编织至左端的末尾1针前，织左侧的扭加针（第27针）。继续编织左端剩下的1针，环形编织的第1行完成。

（第6～14行）

13 在行与行的交界处放入针数记号圈，第6行也按图解编织。
※由于记号圈放在棒针的一头会脱落，可通过将旁边的针目移过来等方法进行适当调整，避免让记号圈位于棒针的一头。

14 接着按相同的方法，一边换针一边按图解编织至第14行。

POINT

加针部分呈现漂亮的线条。

袜脚部分在第1行的袜面加针后继续编织

15 编织至袜脚第1行的第25针，第26针织上针的扭加针。如箭头所示，将右棒针从前往后插入并挑起针目之间的横线。

16 将右棒针挑起的线圈移至左棒针上，织上针。

17 上针的扭加针完成的状态。接着按相同的方法继续编织，分别在第31针、第36针、第41针和第46针加针。

⤬✕⤬ 左上2针交叉

18 第3行的第27～30针和第32～35针织左上2针交叉。

⤬✕⤬ 右上2针交叉

19 第3行的第37～40针和第42～45针织右上2针交叉。

20 继续按图解编织至第42行，然后将袜面的27针穿在1根棒针上休针备用。

袜跟部分进行往返编织

21 袜跟第1行的第2针织右侧的扭加针，第23针织左侧的扭加针，第24针织下针后将织物翻至反面。

22 第2行看着反面编织。

23 第3行的第2针织右上2针并1针（减1针）。

24 第3行的第21针织左上2针并1针（减1针）。然后，一边在奇数行减针一边继续编织至第15行。

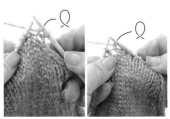

25 第17～29行的奇数行一边在两端的1针内侧加针一边继续编织。

26 编织至第30行的状态。袜跟部分完成。

再次连接成环形，编织袜筒

27 袜筒第1行的第1针和第22针分别织2针并1针进行减针。

28 取下袜面的休针的针帽，将♥和★靠在一起，从★处挑针继续编织第1行剩下的针目。

29 另一侧也将☆和♡靠在一起，接着编织第2行及后面的针目。

编织袜口

30 袜口第1行的第26针、第30针、第34针、第38针和第42针织左上2针并1针，从第2行开始织单罗纹针。

伏针收针

31 编织结束时做伏针收针。首先与最后一行的针目一样，按下针、上针的顺序编织。

32 用左棒针挑起右边的针目覆盖在左边的针目上。

33 覆盖后的状态。重复"编织与最后一行相同的针目，将右边的针目覆盖在左边的针目上"。

处理线头

34 最后一针伏针收针后，留10cm左右长的线头，将线剪断，并将挂在棒针上的线直接拉出。

35 将拉出的线头穿入缝针，将缝针从后往前穿入最初针目的头部的2根线里。
※为了方便理解，此处更换了线的颜色。

36 再次将缝针从刚才拉出线头的编织终点的针目中间穿入。

37 拉动线头，连接处呈锁针形状。将线头藏到织物的反面，处理好线头。

袜跟的两侧做挑针缝合

38 将30cm左右长的线头穿入缝针，挑取袜跟一侧边上1针内侧的横线。
※此处为了方便理解使用了不同的线，实际缝合时使用与作品相同的线。

39 另一侧也一样挑取边上1针内侧的横线，拉线。

40 接下来按相同的方法，用缝针交替挑取边上1针内侧的横线。

41 一边交替挑取横线一边将线拉至看不出缝线。重复这一步骤，挑针缝合至★和♥的位置。

42 由于★和♥接合的地方容易出现小洞，所以此处穿一圈线后，将线拉至看不出缝线。

43 拉线后的状态。将缝针穿至反面，翻转袜子至反面后处理好线头。

工具 / Clover

超级可爱的
动物造型编织小物

此次收集了一些最近留意到的动物花样的可爱小物。
这么可爱的作品，当然大人也可以使用。
如果再编织儿童款，打造亲子系列，也非常有趣哟！

摄影：Ikue Takizawa 造型：Kana Okuda (Koa Hole)
发型及化妆：Yuriko Yamazaki 模特：Lindsey, Chloe

喵~　喵~

靠近手腕的部分编织得宽大一点，
外形就像是坐着的小猫，
拇指相当于小猫的尾巴。
底部的罗纹针为双层设计，
即使短一点，戴上也非常合适。

小猫连指手套

穿着提花毛衣的小猫，胖乎乎的身体和竖
起的小耳朵真是太可爱了。最后绣上小猫
的脸。小猫连指手套就完成了。

设计 / shizukudo
制作方法 / p.93、p.94
使用线 / Puppy Shetland

小狐狸围巾

用松软的线编织的小狐狸围巾，
既不会太逼真，也不会太孩子气。
恰到好处的设计，给每天的搭配增添了一份趣味。

设计／Yuco Ono(ucono)
制作方法／p.98
使用线／Puppy Alce

憨态可掬的表情可爱极了。
用原白色的线进行刺绣，
给人柔和的印象。

侧边的宽度使小包的收纳空间更大，
加上拉链的设计，更加方便、实用。
是不是也正好用来放孩子的小点心呢？！

嗷吼～

小熊和小狮子收纳包

想要放在手提包里的可爱小物，
由短针编织的各部分组合而成。
如果在小熊上钩出鬃毛，就变成了小狮子。

设计／青木惠理子
制作方法／p.96
使用线／Hamanaka Exceed Wool L（中粗）

咩～

小羊手提包

用柔软的圈圈线编织成长方形，
只需加上头和腿就变身成了小羊。
虽然制作很简单，作品却非常漂亮。

设计／青木惠理子
制作方法／p.97
使用线／Daruma手编线 幼羊驼绒圈圈线、美利奴
羊毛线（中粗）

小熊帽子

有趣的小熊亲子帽，
是用厚实柔软的圈圈线编织而成的。
儿童款在缝制脸部后超级可爱，
成人款则简单大方，只要增加针数，
无须缝制脸部。

设计／Yuco Ono(ucono)
制作方法／p.95
使用线／Hamanaka Sonomono-loop、
Sonomono Alpaca Wool（中粗）

根据自己的喜好进行调整!
拉脱维亚的配色连指手套

拉脱维亚的连指手套，除了可爱的配色花样，
手腕处的设计也有各种变化。
这次就向大家介绍手腕处有5种不同设计的精美连指手套。

摄影：Yukari Shirai (p.32), Koji Okazaki (p.33、p.35) 造型：Megumi Nishimori 撰文：Sanae Nakata

小星星花样的连指手套

配色花样只需交错编织两种颜色的线；
细致的花样，看起来好像很难，
但是换线间距较短，即使初学者也能轻松掌握。
这款花样以拉脱维亚维泽梅地区的连指手套为基础，
从手腕处开始做上针编织。

设计／齐藤理子
制作方法／p.34
使用线／Puppy British Fine

手腕处的各种设计

想不想把小星星花样的连指手套的手腕部分改成自己喜欢的设计？
这里汇集了拉脱维亚连指手套中常用的4种款式。
如果希望手腕处戴上感觉刚刚好，也不妨简单地编织双罗纹针。

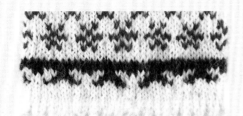

A 小波浪边

在下针编织的中间加入挂针，
对折后，边缘呈现小小的波浪形状。

※配色花样与p.34相同（72针、7行）。

第10行挑取起针行的线圈一起编织，使织物呈双层状态（参照p.35）

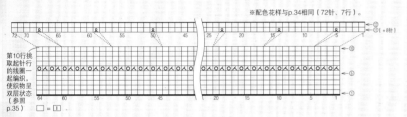

□ = □

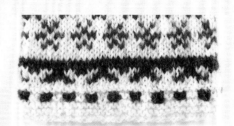

B 配色编织起伏针

一边编织起伏针，一边在中间加入格子状的配色花样，
给作品增添了层次变化。

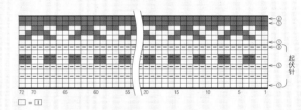

起伏针

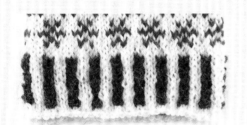

C 配色编织条纹花样

将双罗纹针的上针部分改成桂花针，
加上配色编织，呈现条纹花样。

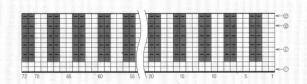

□ = □

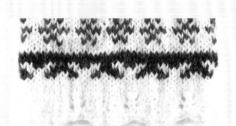

D 挂针的波浪边

将挂针和2针并1针结合起来，
编织出大波浪形状。

※配色花样与p.34相同（72针、7行）。

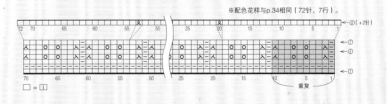

□ = □

重复

横向编织后连接成环形作为手腕部分，然后挑针继续编织主体部分。无论是配色还是设计，都非常时尚。

这是在民间艺术品市场购买的连指手套。手腕处好像是用3股线起针的，而且编入了串珠，设计非常新颖。

用两种颜色的线编织出线条是代表性的技巧，经常与下方挂针的镂空效果组合在一起。

不胜枚举！手腕处的各种装饰编织

拉脱维亚可谓连指手套的王国，精美的设计数不胜数。但是令人意外的是，最能体现编织者设计技巧的，或许还是手腕部分。这里将向大家介绍几款在当地发现的连指手套，其中的编织技巧非常有趣。

小星星花样的连指手套

材料与工具
Puppy British Fine 原白色（001）30g、红色（013）13g、藏青色（005）5g
棒针2号

成品尺寸
掌围22cm，长22cm

密度
10cm×10cm面积内：配色花样33针、38行

编织要点
●主体用手指挂线起针法起72针，连接成环形。参照图解编织8行上针，按配色花样A横向渡线编织7行，然后按配色花样B继续编织。在拇指位置编入另线。指尖部分一边减针一边按配色花样B编织16行。用编织结束时的线头穿入最后一行的针目中，拉紧。
●解开拇指位置的另线，一共挑取30针。按配色花样B一边减针一边编织21行。用编织结束时的线头穿入最后一行的针目中，拉紧。

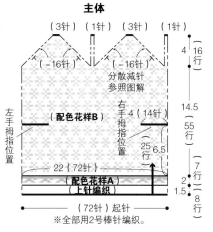

主体

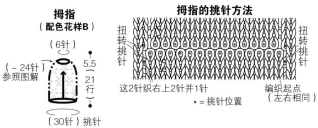

拇指的挑针方法

这2针织右上2针并1针
• = 挑针位置
（左右相同）

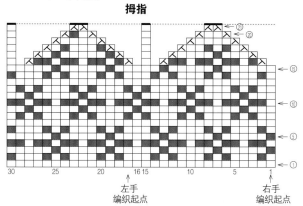

拇指

主体

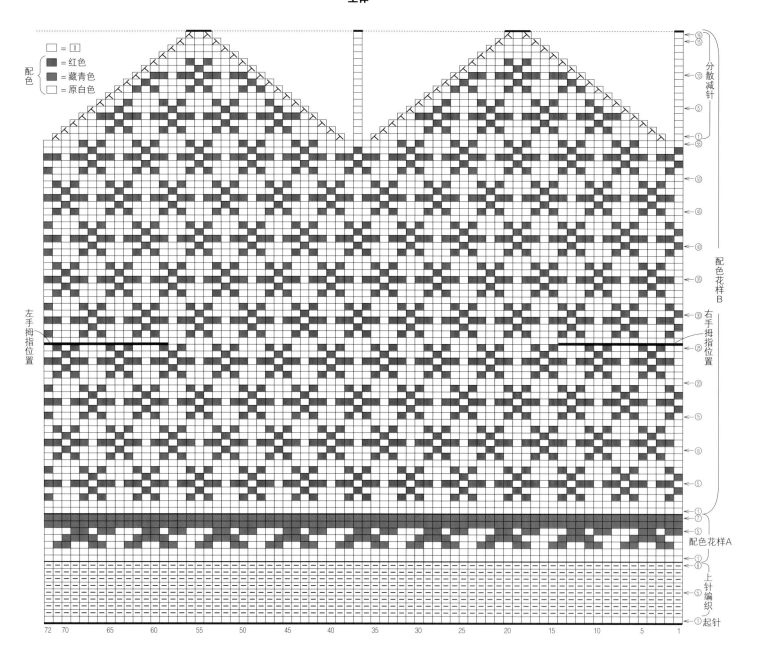

□ = ⊡

配色
■ = 红色
▨ = 藏青色
□ = 原白色

编织要点讲解

p.33 A ～ D的4款手腕设计中，A款的起针行的挑针方法非常有技巧。
这里介绍的就是A款小波浪边的编织方法，以及编织配色花样时需要注意的两种色线的渡线方法。

两种色线的渡线方法

编织细致的花样看起来好像很难，但是反面的渡线很短，即使对初学者来说也很容易。掌握渡线时的技巧，一起制作漂亮的作品吧！

1 用主色线（原白色线）编织至配色位置。

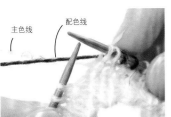

2 将配色线放在主色线上方进行渡线。
※主色线在下方、配色线在上方进行编织的情况。

3 用配色线编织所需针数。
※此时，主色线也可以暂时垂在下方。

4 编织主色线时，从配色线的下方将主色线拉上来。

5 用主色线编织所需针数。
※此时，配色线也可以暂时垂在下方。

A 小波浪边（p.33）的编织方法
图解见 p.33

这是一边编织一边完成波浪边的方法。
※往返编织至第2行，从第3行开始进行环形编织，后面再用编织起点的线头缝合第1、2行。

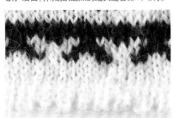

1 第1～5行进行下针编织，第6行重复编织"左上2针并1针、1针挂针"，第7～9行进行下针编织。

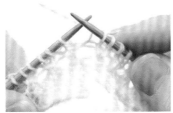

2 在织挂针的行（第6行）对折。如箭头所示，用另一根棒针挑起起针行的第1针的1根线。

编织得平整漂亮的技巧

为了避免织物反面的横向渡线忽紧忽松，编织的时候要掌握好一定的松紧度。主色线和配色线，无论哪个在上面都没有关系，重要的是固定顺序编织至最后。

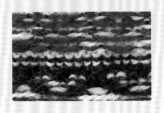

3 如箭头所示，将左棒针插入步骤2挑起的针目里，将该针目移至左棒针上。

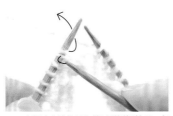

4 在移过来的针目和第9行的第1针里一起织下针。

5 下针完成的状态。

6 第2针也按相同的要领挑起起针行针目的1根线。

7 插入左棒针。

8 将针目移至左棒针上，从该针目里取下右棒针。

9 在移过来的针目和第9行的第2针里一起织下针。

10 按相同的方法重复步骤6～9，编织至最后。第10行完成的状态。挂针的部分呈凹陷状态，边缘呈小小的波浪形状。
※在第11行加8针（每8针加1针），共72针。

从反面看……

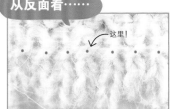

由于挑起起针行针目的1根线一边编织一边接合，所以在织物的反面，可以看到有一排起针行针目的1根线（·标记的线）。

我的手作故事

我们拜访了两位编织师的工作室，她们在育儿的同时一直继续编织创作。
这次将向大家介绍她们各自珍惜的生活方式，以及从兴趣出发的编织故事。

摄影：Yukari Shirai (p.36 ~ p.38), Makiko Shimoe (p.39 ~ p.41)　撰文：Sanae Nakata

story 1

Juhla

伊野 妙

编织师。创立原创品牌"Juhla"，主要制作手工编织的手套。并且接受杂货店和网络上的订单，销售作品。

1 喜欢日用杂货的妙女士收藏的小物。2 用作参考的欧洲花样集。3 编织用品会放在带盖的篮筐里。由于经常在餐桌和起居室工作，所以选用了方便搬运的尺寸。

My handmade story

1 北欧花样的连指手套是因为自己想要才开始编织的。左边的连指手套手腕处采用了挪威塞尔布地区的花样。其他两款也配色编入了传统花样。2 戴着心爱的连指手套的女儿日向子（3岁）。这是指尖部分为圆形设计的基础款。3、4 日向子的连指手套和帽子。5 阿兰花样的露指手套。露出手指头的手套使用起来非常方便。6 几何花样的儿童款连指手套。

一种形状，
无数种设计

可爱的连指手套，无论是戴在手上还是用作装饰，都是非常讨人喜欢的礼物。
可以根据赠送对象的个人喜好，调整颜色和花样。

希望孩子们了解物品制作的过程

　　妙女士制作的是加入北欧传统花样的编织小物。据说Juhla这个品牌名称来源于芬兰语，意思是佳节，而取这个名字就是因为想要制作可以作为贺礼的作品。她有着非常长的编织经历，自从5岁左右编织了一条围巾以后，每年冬天都会编织各种礼物送给家人和朋友。因此，可以说她的作品基本上都是可以穿戴的小物。

　　现在她已经是两个孩子的妈妈了，白天没有多少时间可以编织，所以"外出时一定会带上编织用品，这样，等孩子睡着后随时都可以拿出来编织"，这种随时准备编织的状态让她很喜欢。网站上连指手套非常受欢迎，到了秋冬季节，妙女士往往忙于制作网上的订单，就几乎没有时间给自己编织了。但是，她说："衣服也好，食物也罢，很多时候都只能买到店里的成品。我想让孩子们知道，这些东西原本是由各种各样的素材经过很多工序才制作完成的。我希望通过编织能让他们了解这一点。"

　　随着孩子逐渐长大，编织的时间也应该会越来越多。妙女士说现在很享受在脑海里进行设计的过程，这无疑也是非常重要的时间。

My handmade story

1、2 婴儿帽，这是根据儿子周平的头型编织的棒针作品。

3 帽子和露指手套是妙女士丈夫最喜欢的。4 手编的袜子。袜跟是所谓的箱形袜跟。5、8 灰色的男款背心和深红色的儿童款背心在书上的设计基础上进行了调整。6 妙女士平时也为丈夫编织了很多小物。图片中是北欧风的条纹围巾。7 工场作业时用的主题作品，也会不断地尝试各种形状，看哪种形状大家用起来会更加方便。

Tae's idea

拍摄作品时，
一起摆设日用物品

妙女士会在自己家里拍摄用于网站等平台的所有作品照片。听说她在决定好主题颜色后，首先会根据该颜色收集日用物品，然后进行整体设计。

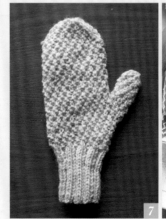

My handmade story

Kaori Nakashima

帽子手工艺家、编织师。出生于福冈，借搬家的机会，在埼玉县创立了原创品牌"KAO"。目前的工作以举办展览会和经营工作室为主，还担任着NHK文化讲师。

衣服和帽子，搭配的都是Kaori女士的手工作品。这就是"KAO"的魅力。

1 Kaori女士习惯用左手。在编织往返编织的反面时，Kaori女士并没有翻转织物，而是如图所示拿着织物继续编织。真是独特的编织方法，令人震惊！**2** 编织工具只准备需要用到的，少而整洁。制作过程中会播放音乐，心情会更加舒畅。**3** 客厅的桌子是Kaori女士的工作台。她也经常在这个客厅里举办展览会。

My handmade story

开启手工艺家的职业生涯
源于帽子

制作手法自由、灵活。
无论是缝纫还是编织，只需选择符合设计的方法即可。

1 装饰在墙面上的帽子作品。这样看过去，帽顶的小装饰也一目了然。**2** 编织小物中，宽宽的发带也非常受人欢迎。**3** 想织得再大一点，可是发现毛线不够了。由此诞生的就是这项毛线帽，其中有一块使用了不同的毛线。**4** 作为帽子手工艺家，当然也会制作很多只使用布料的帽子。

帽身部分装饰有阿兰花样织片的帽子。
据说这是专门为那些对毛线过敏的人设计的、带有编织味道的帽子。

沙龙活动中最受欢迎的是这顶短针编织的贝雷帽，帽顶有一个大大的蝴蝶结。整体雅致的颜色使帽子少了一份甜美，更加容易搭配。

因为习惯用左手，当初学习编织的过程真是太不容易了

　　Kaori女士从小就很爱手工艺，制作了很多小物件和衣服等。但是，唯独编织有点特别。因为对习惯用左手的Kaori女士来说，制作手法全部相反的编织完全看不懂。据说绞尽脑汁后，她终于想出了一个办法，就是一边拆解手工编织的成品，一边确认各种针目是如何编织而成的，然后记住自己应该如何入针编织。"所以，我的编织完全是自成一派。也正因为如此，无论编织什么，想法更加自由，而且充满了乐趣。"

　　其中最令人震惊的是往返编织的编织方法。一般都是翻转织片后编织的反面行，Kaori女士会将线挂在右手上，直接在正面往回编织。因为不用翻转织片，据说编织速度也提高了。

　　Kaori女士在学生时代也曾经推销过自己制作的衣服。几年后，在偶然光顾的帽子店里，一位顾客看中了她戴在头上的自己制作的帽子。据说以此为契机，Kaori女士开始了手工艺家的职业生涯。帽子的种类非常丰富，夏季有草帽风格的钩针编织的帽子，冬季还有编织和布艺相结合的帽子。

　　Kaori女士希望自己的作品能使佩戴的人更具魅力，不张扬又能满足爱美之心。Kaori女士的挑战还将继续。

My handmade story

讲究造型的
KAO创作风格

正因为织物的厚度，才更重视外形的设计。
只有考虑到协调性，才能看起来更加漂亮。

1 羊毛织物与钩针编织的饰带结合的围巾。2 蕾丝线编织的小耳环。春夏时也会制作这样纤细的饰物。3 穿着毛衣时，可搭配羊毛材质的帽子。4 连接花片的帽子和围巾是钩针编织作品。5 雅致温婉的开衫。口袋使用方便，阿兰花样也非常漂亮。

Kaori's idea

用高级质感的皮革标签使作品更加精美

Kaori女士总是在作品中缝上KAO原创的皮革标签。她坚持使用小巧、设计独特的皮革标签，而不是布制标签。每个标签上都会烙上一片叶子花样。

Kaori女士向来强调服饰的修身效果，图中的开衫是她的得意之作。
三角形披肩是对《编织大花园》曾经介绍的图解进行调整后制作完成的。

连载

和michiyo一起编织!
懒人编织部

编织大花园的人气连载第5课的主题是
"绕线及翻面(Wrap & Turn)"。
这是最近非常热门的技法,可以简单地做引返编织。
让我们用这种技法一起编织一顶带帽檐的阿兰花样帽子吧!
帽顶的减针可以利用花样轻松完成。

设计:michiyo 摄影:Ikue Takizawa 造型:Kana Okuda (Koa Hole)
发型及化妆:Yuriko Yamazaki 模特:Lindsey

michiyo

michiyo

曾经做过服装、编织类的设计,
从1998年开始成为编织师。曾
出版过《慢慢织 久久爱 日常服
饰编织》《手编婴儿鞋》等多本
著作。她主办的编织沙龙每次
招募都座无虚席,人气非常高。

第**5**课

Wrap & Turn
编织的帽子

"Wrap & Turn"是简化的引返编织方
法。带小帽檐的帽子是我非常喜欢的款
式。虽然使用了传统的阿兰花样,但帽
子给人一种新颖的印象。

懒人要诀
①按"Wrap & Turn"可以简单地完成引返编织!
②利用花样进行减针,简单易懂!

完成啦!

Wrap & Turn 编织的帽子的编织方法

材料与工具
Keito Brooklyn Tweed SHELTER 姜黄色(HAYLOFT)48g(1绞)
棒针10号(4根一组,或者40cm环形针)、8号(4根一组,或者40cm环形针)、麻花针、记号圈

成品尺寸
头围48cm,帽深21cm(后侧)

密度
10cm×10cm面积内:编织花样22.5针、25.5行

编织要点
● 使用8号棒针,用手指挂线起针法起108针,连接成环形。参照图解一边做引返编织(Wrap & Turn)一边织16行双罗纹针。
● 换成10号棒针,按编织花样,一边利用花样进行分散减针一边编织46行。编织结束时,在剩下的针目(30针)里穿线后拉紧。

帽子

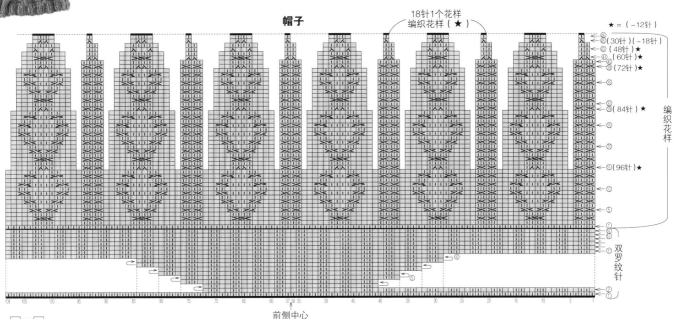

18针1个花样
编织花样(★)

★ = (−12针)

前侧中心

□ = 〔−〕

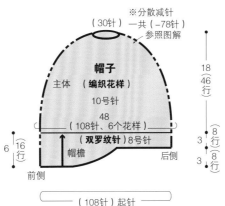

编织花样(★)

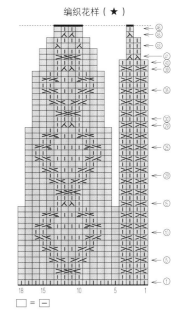

□ = 〔−〕

michiyo's select
这样的颜色也不错

棕色(WOODSMOKE)
传统的棕色很适合编织阿兰花样,效果当然非常棒!

灰色(SWEATSHIRT)
灰色的帽子很中性,也非常适合用作礼物。

紫色(PLUME)
令人意外的是,紫色很容易搭配,既雅致又时尚。

Point Lesson　编织要点讲解

引返编织给人很复杂的印象，其实编织起来并不难。
"Wrap & Turn"有好几种方法，这次讲解的是从前面挂线的编织方法。
减针是利用花样进行的，非常容易理解哟！

编织帽檐

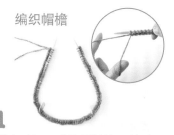

1 在线头一侧220cm处用8号棒针起108针。起针时使用1根棒针，注意线不要拉得太紧，针目不要起得太紧密，在第40针和第72针的地方加入记号圈。

2 连接成环形，注意不要让起针针目（第1行）发生扭转。然后编织双罗纹针至第2行的第72针。

3 取下记号圈，将线放到前面，在第73针里插入棒针，不编织直接将该针目移至右棒针上。

4 将线放到棒针的后面，将该针目移回至左棒针上（将线绕在针目上＝wrap），翻转织物（＝turn）。

5 放入记号圈作为记号。看着反面编织第3行。（回到第72针，织下针，这样从正面看该针目为上针。）

6 继续编织第3行至记号圈处（编织起点一侧剩40针）。

7 与步骤**3**的方法相同，取下记号圈，将线放到前面，在第40针里插入棒针，不编织直接将该针目移至右棒针上。

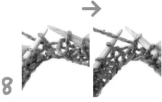

8 与步骤**4**的方法相同，将该针目移至左棒针上，翻转织物至正面。

9 放入记号圈作为记号。看着正面编织第4行。

10 编织第4行至第76针。与步骤**3**的方法相同，进行绕线及翻转。

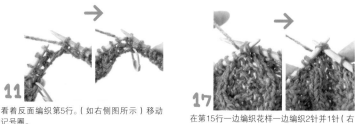

11 看着反面编织第5行。（如右侧图所示）移动记号圈。

12 按相同方法一边引返编织，一边往返编织至第10行。

13 从第11行开始，看着正面环形编织。（为了方便数行数，可以在第1针上放入记号圈。）

14 编织16行双罗纹针，帽檐就完成了。

编织主体

15 换成10号棒针编织花样。（第1行全部织下针。）

16 按图解继续编织，从第3行开始交叉针目编织花样。（如果使用麻花针会很方便。）

17 在第15行一边编织花样一边编织2针并1针（右上2针并1针和左上2针并1针）进行减针。

18 利用花样可以轻松完成减针。

19 参照图解，在第29行、第39行、第41行按相同方法减针。针数减少后环形针不方便编织时，换成4根棒针继续编织。

20 在第43行编织左上2针并1针和右上2针并1针进行减针。

21 在第45行也进行减针。

22 编织结束，剩30针。

23 留30cm长的线头后剪断，穿入缝针，在剩下的针目里穿线后取下棒针。

24 慢慢地将线拉紧（线容易拉断，要小心！），在反面处理好线头。

我想赠送！ 我要编织！
手工编织的礼物

这次介绍的可爱的编织小物都很容易编织，而且作为礼物送出，对方一定会很开心的。
实用性强，编织完成后马上就可以使用，都是人气单品。包装创意也很值得参考哟！

摄影：Yukari Shirai 造型：Megumi Nishimori 撰文：Sanae Nakata

左／翻盖设计使袋口显得非常整洁，可以很方便地取
出和放入暖手袋。
右／缝合底部后，前后花样漂亮地拼接在一起。

红白双色的
暖手袋外套

3团

北欧风的配色花样非常漂亮。
因为是一边在反面渡线一边编织，
所以织物既松软又有厚度，
隔热和保温性能也非常好。

设计／Saichika
制作方法／p.108
使用线／RichMore SPECTRE MODEM FINE,
1团40g，约95m

阿兰花样的
短围脖

百搭的自然色短围脖人气很高。
粗粗的单麻花和细致的蜂巢花样
的组合增添了作品的伸缩性。

设计 / 伊野 妙（Juhla）
制作方法 / p.103
使用线 / Puppy BRITISH EROIKA,
1团50g, 83m

wrapping idea

糖果风的卷式包装

要想作品不容易变形，就一圈圈卷起来用纸包
装吧！将两端拧紧后用绳子或丝带装饰即可。
建议使用容易拧紧的、柔软的纸张。

罗纹针编织的
短围脖

如果想要在短时间内完成，那就
选这款吧！只需编织简单的罗纹
针即可，是一款兼具伸缩性和厚
度的设计。线材颜色和质感的不
同会产生不同的效果，非常有趣。
无论什么年龄和性别都可以使用。

设计 / 伊野 妙（Juhla）
制作方法 / p.103
使用线 / Puppy BRITISH EROIKA,
1团50g, 83m

简约风编织帽

织物的立体花样只需错位编织下针和上针即可完成。看起来很精致，编织起来也并不难。这款帽子没有翻折设计，所以从边缘直接开始编织花样。

设计 / Minako Ito
制作方法 / p.102
使用线 / Hamanaka Sonomono
Alpaca Wool<中粗>，1团40g，92m

简约风设计也非常适合男性。因为有一定的伸缩性，尺寸可以不用调整。如果感觉偏小，可以尝试用粗一号的棒针编织。

wrapping idea

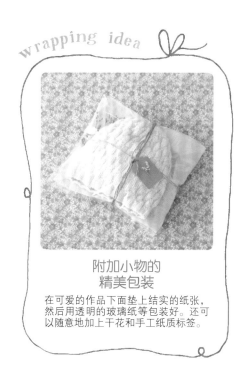

附加小物的
精美包装

在可爱的作品下面垫上结实的纸张，然后用透明的玻璃纸等包装好。还可以随意地加上干花和手工纸质标签。

for Boys

约3团

翻盖露指手套

既能用作连指手套，也能用作露指手套，寒冷的冬天，出门时戴上这样一双手套真是太方便了。从主体挑针编织的手指翻盖使用了别的颜色，又是作品的一大亮点。

设计 / Sachiko Tanai (catica)
制作方法 / p.104
使用线 / AVRIL CROSS BREAD，
10g：25m / 散装(用量约100g)

蓝色配银灰色,色彩鲜明。
将其作为服饰搭配中的
对比色，如何?

手掌　　手背

解开手背侧的纽扣，戴上手
指翻盖就是连指手套了。就
像橡子一样，可爱极了!

枣形针编织的室内鞋

舒适合脚的懒人鞋设计，使用了大量变化的枣形针，仿佛布满了圆鼓鼓的果实。用钩针从鞋头开始编织。

设计 / Sachiyo＊Fukao
制作方法 / p.106
使用线 / Hamanaka Amerry，
1团40g，约110m

这款披肩从尖端逐渐增加菠萝花的数量。

三角形菠萝花披肩

轻轻地披在肩上的三角形披肩，
特意编织出独特的镂空效果。
用渐变的线材，可以使作品显得自然、柔和。
从初秋开始，可以使用很长时间哟！

设计 / YumiInaba
制作方法 / p.105
使用线 / Puppy Lutz，1团40g，95m

主体部分是有一定厚度的起伏针编织，制作完成的小靴子非常紧实。

wrapping idea

用可爱的空盒子或罐子包装立体的作品

希望保持形状的作品，可以放入空的点心盒或罐子里。除了垫衬材料外，还可以塞入亮晶晶的素材和卡片等，打造华丽的效果。

1团

婴儿靴

秉着"方便穿着、不易脱落"的设计理念，创作出了这双可以完全包住脚踝的小靴子。柔软的线材非常适合婴儿的娇嫩皮肤，作品也非常精美。

设计／伊野 妙（Juhla）
制作方法／p.107
使用线／Hobbyra Hobbyre Baby Pallet，1团40g，159m

直编围巾和小外搭

下面向大家介绍既方便穿戴又漂亮的作品，无须加减针，只要直编即可完成。
根据气候和心情可以进行各种各样的搭配，秋冬季节肯定会爱不释手的。
粗线编织起来进展很快，编织方法也很简单，初学者也不妨尝试哟！

多种穿戴
方法

上／在后背的下侧翻折，
在两侧和前后的中心处
用纽扣加以固定后穿着。
中／解开纽扣，在脖子
上围一圈，就是简单的
围巾。
下／随意地绕上几圈也
非常可爱。

可做围巾的 V 领
交叉开衫

将长方形的围巾折叠后，扣上纽扣，
就变成了胸前交叉式的开衫。
正反两面都可以使用是这件作品的
亮点。
柔软、轻暖的线材使作品穿起来非
常舒适。

设计／Ha-Na
制作方法／p.110
使用线／Wister Aria

一款两用的围脖

柔软厚实的可爱围脖，在中间换色，直编
成筒状，再收紧两端即可完成。若隐若现
的金银线的闪亮感和竹节花式纱线的凹凸
感，使简单的编织作品别具一格。

设计／Ha-Na
制作方法／p.113
使用线／Wister Stella

也可以变成帽子哟！

将织物的一头塞进另一头的内
侧，就变成了一顶帽子。在帽
子边缘稍微露出点另一种颜色
也非常漂亮。

波浪饰边围脖

充分利用以灰色为主色、间隔出
现其他颜色的段染线，在简单的
下针编织的主体上用钩针钩织波
浪饰边。一起享受不同的编织方
法带来的色彩变化吧！

设计／平川 干（Polivi）
制作方法／p.114
使用线／Wister Rigato

围两圈的效果

围两圈后，突出了波浪饰边
部分，显得更加雅致。不同
的围法，给人的感觉也会不
一样。

────────── 作品中使用的线

Wister Stella
加入了彩色金银线的双色竹节
花式纱线，有伸缩性。
全5色　40g／团，约48m

Wister Rigato
以蓬松和轻软为特征的空心带
子纱线，单色部分与漂亮颜色
的段染部分的组合非常有趣。
全5色　40g／团，约42m

Wister Aria
柔和色调的渐变段染绒线。
这种空心带子纱线的特征就是
非常透气、轻暖。
全4色　40g／团，约60m

粗针粗线编织的趣味帽子

\\周末即可完成！//

每年都会流行的编织帽，要想与众不同，
手工编织是再好不过了。
如果使用特大号的针，很快就能编织完成，
所以也非常适合制作礼物。
如果有喜欢的设计，就马上动手编织吧！

摄影：Ikue Takizawa 造型：Kana Okuda (Koa Hole)
发型及化妆：Yuriko Yamazaki 模特：Lindsey

麻花针帽子

用夹杂着彩点的线编织，
与麻花针的立体感非常相称。
在帽顶进行减针，简洁清爽。

设计 / Yuco Ono(ucono)
制作方法 / p.114
使用线 / Clover Jumbo Knot

镂空花样的帽子

这款简单的帽子只需用环形针
直编即可完成。
镂空针目形成了之字形花样。
使用的平直毛线很容易编织，
初学者也不妨一试。

设计 / Yuco Ono(ucono)
制作方法 / p.109
使用线 / Clover Jumbo Merino

条纹花样的
尖顶帽子

每隔两行变换颜色钩织短针的棱针，
连接成筒状后收紧帽顶。
针目紧密，既温暖又舒适。

设计 / 越膳夕香
制作方法 / p.109
使用线 / Clover Jumbo Merino

爆米花针编织
的帽子

用粗细和颜色变化多样的线钩织爆
米花针，独特的凹凸感可爱极了！
镂空的设计非常透气，
完全不用担心会感到闷热。

设计 / 越膳夕香
制作方法 / p.111
使用线 / Clover Jumbo Knot

—— 作品中使用的线和工具

"匠"牌棒针 4根一组特大号
使用精挑细选的天然素材制作而成的竹质
棒针，手感顺滑，经久耐用。
有7mm、8mm、10mm3个尺寸。

特大号钩针"Amure"
这是极受欢迎的钩针"Amure"的特大
号。
树脂的针头使用顺滑，轻便，不易疲劳。
发售有7mm、8mm、10mm、12mm和
15mm等尺寸。

环形针 40cm短款特大号
编织帽子等小物时非常方便的便是40cm长
的环形针。
在以往发售的7mm、8mm、10mm的基础上，
新增了12mm的树脂材质，使用轻便、顺滑。
接点平滑，虽然很粗，编织起来却非常好用。

Jumbo Merino
纯色的超级粗平直毛线。
初学者也能轻松编织，可
以迅速完成作品。
全10色　70g／团，约35m

Jumbo Knot
类似空心带子纱的超级粗
花式纱线，随处可见彩色
加粗部分。编织完成的作
品极富个性。
全5色　50g／团，约65m

既柔软又温暖 土耳其枣形针编织的小物

"土耳其枣形针"是土耳其传统的编织方法，
用于编织被称为"lif"的浴巾。
织物就像一朵朵小花连在一起，像枣形针编织一样柔软。
针目紧密，既温暖又舒适。
就让我们一起用这种针法编织家居小物或者小饰物，暖暖地度过这个冬天吧！

摄影：Ikue Takizawa (p.55、p.56), Noriaki Moriya (p.57、p.58)
造型：Kana Okuda (Koa Hole)　发型及化妆：Yuriko Yamazaki　模特：Lindsey

杯套

由于织物有一定的厚度，
即使倒入热水，
也很容易拿起，而且不容易变凉。
使用渐变色的线材编织，
还可以享受色彩变化带来的乐趣。

设计 / YasukoSebata
制作方法 / p.115
使用线 / Hamanaka Alpaca Extra

坐垫

环形起针，简单地使用两种颜色线编织
完成了可爱的六边形坐垫。
用极粗的线编织，坐上去软软的，
舒服极了！

设计 / YasukoSebata
制作方法 / p.57、p.58
使用线 / Hamanaka Men's Club Master

帽子

在帽口编织土耳其枣形针，
小花花样映衬着脸部，
既雅致又可爱。
上部的正拉针形成纵向的线条，
清爽整洁。

设计 / YasukoSebata
制作方法 / p.116
使用线 / Hamanaka Fair Lady 50

围脖

全部用土耳其枣形针环形直编，
钩完一圈的针目后进行巧妙的连接，设计非常简单。
用柔软的线材编织，手感也非常舒服。
鲜亮的颜色使它成为服饰搭配中的主角。

设计 / YasukoSebata
制作方法 / p.115
使用线 / Hamanaka Silk Mohair Parfait

作品中使用的线

Silk Mohair Parfait
纤细的真丝马海毛。由最高
级的马海毛和优质的真丝混
纺而成，具有光泽感，而且
手感顺滑。
全16色　25g／团，约220m

Fair Lady 50
长期畅销的平直毛线。颜色
丰富，适合配色编织等。柔
软的中粗毛线，可机洗。
全45色　40g／团，约100m

Men's Club Master
畅销的极粗毛线。非常适合编
织男士毛衣以及小物。可机洗，
不缩水。
全32色　50g／团，约75m

Alpaca Extra
手感柔软、长段染的粗毛线。
使用极为珍贵的幼羊驼绒(羊
驼出生后第一次修剪的羊毛)
制作而成。
全16色　25g／团，约96m

土耳其枣形针的基础编织方法

这是3针中长针的枣形针的应用变化。2针并1针和3针并1针虽然有点难，只要学会了操作方法，编织起来就会越来越顺手的。

环形起针开始编织

※参照坐垫的图解（p.58），只是用线的颜色与作品不同。

1 按锁针起针的方法制作一个稍大的线环，挂线后拉出。

土耳其枣形针

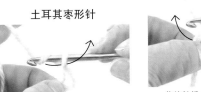

2 起针完成（不计为1针）。再在钩针上挂线，这次拉出线至3针锁针的高度。

3 再次挂线，将钩针插入线环中。

4 挂线后将线拉出至3针锁针的高度。

5 按步骤*3*、*4*的方法，再次挂线后钩针插入线环中，挂线后拉出至3针锁针的高度。

6 共计3次从线环中拉出线后的状态。

7 用左手紧紧地按住线的根部（★），包括线。挂线，一次引拔穿过钩针上的线圈。

8 将钩针插入步骤*7*形成的线的根部上方的空隙里。

9 挂线后引拔。

10 再次挂线后引拔（钩锁针）。

11 1针土耳其枣形针完成。

土耳其枣形针2针并1针

12 将挂在钩针上的针目拉至3针锁针的高度，挂线，将钩针插入步骤*9*完成的针目的头部（步骤*10*的·处）里，按步骤*3~6*的方法拉出线3次。

13 拉出线3次后的状态（未完成的土耳其枣形针）。再次挂线，将钩针插入线环中，按步骤*3~6*的方法拉出线3次。

14 拉出线3次后的状态（2针未完成的土耳其枣形针）。按步骤*7*的方法，用左手紧紧地按住线的根部，一次引拔将线拉出。

15 按步骤*8*的方法，将钩针插入线的根部上方的空隙里，挂线后引拔。

16 土耳其枣形针2针并1针完成。按步骤*12~15*的方法，再编织4次"土耳其枣形针2针并1针"。

17 1针土耳其枣形针和5针土耳其枣形针2针并1针，共6针完成后，将开始编织时的线头拉紧，收紧线环中心。

18 第7针在第6针的头部里钩土耳其枣形针，在钩最后的引拔针前，先将钩针插入第1针的头部的2根线（1）里，再将钩针插入线的根部上方的空隙（2）里。

19 一次引拔，将线拉出。

20 第1行完成的状态。将线从挂在钩针上的针目拉出，留10cm左右的线头后剪断。

换色时

21 在前一行第1针的头部里插入钩针，挂上新线后拉出。

22 接新线完成。再次挂线后引拔（钩锁针）。

23 将线圈拉至3针锁针的高度，再次挂线，在同一个地方（前一行第1针的头部）插入钩针钩土耳其枣形针。

24 第2行第1针完成的状态。

土耳其枣形针3针并1针

25 按步骤*12*的方法，钩1针未完成的土耳其枣形针。在同步骤*23*相同的位置插入钩针，再钩1针未完成的土耳其枣形针。

26 2针未完成的土耳其枣形针完成后，再次挂线，在第1行第2针的头部里插入钩针，再钩1针未完成的土耳其枣形针。

27 3针未完成的土耳其枣形针完成后，按步骤*7*的方法用左手紧紧地按住线的根部，一次引拔将线拉出。然后按步骤*8*的方法，将钩针插入线的根部上方的空隙里，再次挂线后引拔。

28 土耳其枣形针3针并1针完成。接下来参照图解交替钩织土耳其枣形针2针并1针和土耳其枣形针3针并1针。

29 最后的针目按步骤*18*、*19*的方法钩织。第2行完成。参照图解继续钩织第3行及后面的部分。

POINT

如果平常的钩针拿法不方便钩织，可以从上方握住钩针，这样编织起来会更加容易。

将土耳其枣形针起针针目连接成环形（杯套、帽子、围脖）

1 钩1针锁针，再钩1针锁针，这次将线圈拉至3针锁针的高度。

2 挂线，在最初的锁针针目里插入钩针，将线拉出（重复3次）。按p.57步骤**6~10**的方法，钩1针土耳其枣形针。

3 1针土耳其枣形针完成的状态。

4 将钩针上的针目拉至3针锁针的高度，挂线，在第1针的头部里插入钩针，钩土耳其枣形针。重复此操作，钩织所需针数的土耳其枣形针。

5 钩起针的最后1针时，在钩最后的引拔针前，先将钩针插入最初的锁针针目（1）里，再将钩针插入线的根部上方的空隙（2）里。

6 一次引拔，将线拉出。

7 土耳其枣形针的起针针目连接成环形。

8 挂线，将线拉出，拉至3针锁针的高度。

9 挂线，在最初的锁针针目里插入钩针，钩土耳其枣形针。

10 第1行第1针的土耳其枣形针完成。参照各个作品的图解继续钩织。

坐垫的编织方法

材料与工具
Hamanaka Men's Club Master藏青色（23）90g、原白色（22）85g
钩针8/0号

成品尺寸
对角线41cm，边对边38cm

编织要点
环形起针后开始编织，一边换色一边钩织9行土耳其枣形针。

 ＝土耳其枣形针

 ＝土耳其枣形针 2针并1针

 ＝土耳其枣形针 3针并1针

主体
（土耳其枣形针 条纹花样）
（9行）
38
41

※土耳其枣形针的编织方法参照p.57。
※参照图解，一边加针一边编织。

主体

配色表	
行数	颜色
第9行	藏青色
第7、8行	原白色
第5、6行	藏青色
第3、4行	原白色
第1、2行	藏青色

＝各行编织起点位置

Weider Quist 裕美

侨居美国近10年的手工艺家。在赴美之前曾在日本以"大濑裕美"的名字发表手工艺作品。最近，作为当地芭蕾舞团的员工每天忙于各种服饰的制作。

在Ravelry网站崭露头角

Weider Quist 裕美将为我们介绍最近非常热门的、
始创于美国的SNS网站Ravelry。
心动却尚未行动的朋友，
请务必借此机会尝试一下吧！

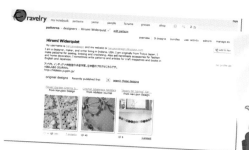

A handicrafter's life in America

如今随着网络的发展，我们可以轻易地获取全世界的信息，编织的愉悦也无处不在。或许已经有很多人在浏览海外的出版社及毛线厂商的网站、人气编织师的博客等作为参考。这次我们就来聊一聊其中一个编织论坛网站，即Ravelry网站。

Ravelry是怎样的网站？

Ravelry是集合knitting（棒针编织）、crochet（钩针编织）、spinning（纺纱）和weaving（织布）等各种纤维艺术的SNS网站[1]。注册是免费的，会员可以整理自己的作品的相关信息，与其他会员分享。在这里，你可以浏览其他人正在编织的作品，搜索想要编织的作品图解[2]，或者出售自己的原创设计图解，这是一个热爱毛线创作的人们跨越国界进行交流的平台。

Ravelry是如何诞生的？

Ravelry2007年启动，其创始人是住在波士顿的凯西·福布斯（Casey Forbes）及杰西卡（Jessica）夫妇。如今该网站的用户已经超过了800万人[3]，就像是线上的大型编织沙龙，但是两位创始人似乎并未想到网站在这么短的时间内竟会发展得这么快。原本在2005年，喜欢编织的妻子杰西卡自己也积极地写博客，煞费苦心地收集整理着网上迅速增加的编织博客的信息资料，并与当时还是程序员的丈夫凯西商量收集信息的方法，这便是后来创建Ravelry网站的契机。凯西利用周末等时间，花了2个月左右构建的Ravelry最初只是用户整理自己正在编织作品的信息的简单网站。之后，陆续增加了新的功能，逐渐受到了编织爱好者的好评，会员的数量也有了质的突破。

在Ravelry可以做什么？

Ravelry为什么会吸引如此多的编织爱好者呢？为了体验在Ravelry可以做什么，马上登录试试吧！该网站的语言主要是英文[4]，刚开始可能会觉得不知所措，但是不要有顾虑，大胆试试看吧！一般登录后就会想要编辑自己的简介，但是我们还是先来看看网站的基本结构吧。

登录后，屏幕上方就会出现my notebook, patterns, yarns, people, forums, groups, shop等菜单栏。搜索和购买图解就点击patterns菜单栏，了解全世界的毛线资讯或者购买会员手纺手染毛线等就点击yarns菜单栏……很多功能都一目了然，简单易懂。

在Ravelry，每天都有会员不断地添加新的图解。从适合初学者的到适合熟练者的，难易程度各不相同，也有很多图解可以免费下载。令人高兴的是，很难买到的海外人气编织杂志上的图解也可以一款一款地购买。使用patterns菜单栏中的"pattern browser及advanced search"，可以设置想要编织的作品的类别、语言、线的种类和数量、尺寸、难易程度等条件进行高级搜索。还可以找到用手头上现有的线能够编织什么作品的建议，非常方便，我也经常利用这个功能。

实际上，日本宝库社也在Ravelry设有店铺，以《毛线球》和《编织大花园》的作品为主，可以单独购买一个图解，有的还可以免费下载。网站上还有书中没有的尺寸可供选择，真是令人喜出望外。（输入"Nihon Vogue Ravelry Store"进行搜索即可找到。）

令保存已收集的信息特别方便的是my notebook菜单栏的功能。这里可以将各种信息分成十几个类目进行归类整理。Project类目里可以简单地记录现在正在编织的作品的图片和进展情况、图解的来源、密度、所用针具等，也可以分享给其他会员看。还可以公开Ravelry以外的媒体（如书或原创）作品。此外，因为可以浏览其他会员的Project，所以可以了解大家对同一份图解采取了什么样的配色和应用变化，或者有什么样的想法，这些都可以作为选择图解时的参考。体形优美的模特穿着作品非常漂亮，如果是一般人穿起来会怎么样？这在Ravelry也可以得到确认，着实非常方便。每次我想编织新的作品时，都会登录Ravelry，然后从数量庞大的图解中搜索自己想要编织的作品。

※1 SNS：Social Network Service，即社交网络服务。
※2 用图和文字说明的编织方法，在英语中称为"pattern"。
※3 截至2019年6月。
※4 也有用户使用英语以外的语言发布信息。

试试注册Ravelry吧!

1. 打开Ravelry网站 www.ravelry.com。

2. 点击"Join now!"。

3. 输入邮箱地址,点击"Email me a signup link"。

4. sign up(登录)页面的链接通知会发送到注册邮箱,
点击邮件中的网络地址,转至注册页面。

5. 输入用户名和密码(小写字母7个字符以上)。
已经被使用的用户名不能再用,
出现"Sorry,…"对话框时,请尝试别的用户名。

6. 点击"Create my account!",完成注册。

刚刚搜索了一下,光是棒针编织就有几十万个! 即使使用高级搜索,也会出现大量的候选作品。从中选择想要编织的作品是一件非常令人兴奋和愉快的事,因为过于专注经常会忘了时间。在这过程中,肯定会找到若干很漂亮的设计。这时,就使用favorite类目,将这些设计作品都放入"收藏"里。这里不仅是图解,还可以收藏喜欢的设计师和其他人的project。如果找到的作品让你觉得"总有一天我要编织的",就把它放入queue(待完成)的类目里。"queue"含有"排队"的意思。

接下来,一定要了解的是groups及events这个类目。Ravelry上有很多交流群,拥有共同兴趣的会员们会聚在一起进行交流。比如袜子编织爱好者的交流群、特定编织师的粉丝群、同乡的交流群等,可以使用关键词进行搜索。(也有NIHON-VOGUESHA的交流群,在里面可以看到图解的发布信息。)成为交流群的成员,遇见趣味相投的朋友,这也是SNS的独特之处。另外,输入"日语""JAPAN"等关键词进行搜索,可以找到日本用户以及对日本的编织感兴趣的人们的交流群。也有一些交流群可以用日语交流Ravelry的使用方法、英文图解和技巧等。相反,也有一些交流群的成员虽然不懂日语,却想编织日本的图解作品。Ravelry令人切实地感受到了"编织无国界"这一点。

此外,作为会员们交流的平台,还有"团织/团钩"活动。

"KAL""CAL"

"KAL""CAL"分别是knit along和crochet along的缩略语,是"一起编织吧"的意思。规定期限,然后大家一起编织同一个主题,并进行信息交流,分享制作过程和完成作品的图片。编织主题不尽相同,可以是人气设计师的新作,或者是蕾丝花样的披肩等。此外,还有一种神秘的团织/团钩活动,每周公开一部分图解,不到最后一天就不知道会完成怎样的作品,这样的活动非常受欢迎。织友们聚在一起,一边聊天一边编织,不愧是网络上的编织沙龙啊。即使在期限内不能完成作品,或是不能很好地交流也没有关系。因为有很多专门组织团织/团钩活动的交流群,试着参加一次,和全世界的编织者一起编织也是非常有趣的经历哟!

test knitting(试织)

我开始使用Ravelry的时候第一次知道的一个词就是"test knitting(试织)"。编织设计师每次公开新的图解时,为了确认是否有错误或需要改善的地方,都要进行试织验证,这个步骤就叫作"test knitting(试织)",受委托进行试织的人被称为"test knitter(试织者)"。在Ravelry上也经常能在groups或forums里看到招募试织者的消息。据说申请的人很多,或许是因为可以第一时间挑战最新的设计,并且能参与图解的制作而获得一种满足感吧。为所谓的极富天赋的人气设计师和博客作者进行试织,对于一部分Ravelry会员来说似乎是一件令人憧憬的事。这是一份需要责任心的工作,如果你有过硬的技术,又想学习英文图解,也不妨试着申请试织吧!

美国的调查公司在2014年进行的调查结果显示,90%的人利用网络获得图解,SNS中利用率最高的就是Ravelry。(当然,人们同时也会利用图书和杂志等印刷资料。)18～34岁的年轻人中,53%的人"每天"都在编织。名人们将编织当作兴趣的新闻、编织给健康带来的好处、男性编织者增加的话题等层出不穷,最近感觉美国的编织热有逐渐升温的趋势。网络的发达似乎的确拓展了编织文化的圈子,支撑着这份"宁静"的热潮。

＊这次是"手工艺家的美国生活"的最后一期。感谢大家的喜爱和阅读,后会有期哟!

一起动手制作喜欢的玩偶吧！

编织玩偶手工部

各种可爱的小女孩和小动物，以及结婚典礼的纪念品小玩偶……
想要制作的话，就赶快动手挑战吧！
这次我们收到了很多精心制作的漂亮小玩偶。

摄影：Yukari Shirai, Koji Okazaki 造型：Megumi Nishimori 撰文：Sanae Nakata

蓬松的发型，
很赞吧！

啊呜～

会员编号…**92**

10cm的童话世界

作品设计的形象是在黄昏时的森林里聊天的
小女孩和小动物们。小女孩的脏辫发型和小
狮子的鬃毛的用线非常有创意。

设计 / mochico

会员编号…**94**

猴子小桃心

猴年的吉祥物小猴子姐妹，她们非常擅长用
长长的手脚摆姿势哟。还可以给她们换裙子
和鞋子呢。

设计 / ＊cocoro＊

裙子的下面藏着一
颗大大的桃心。

GO GO!!

会员编号…**93**

小兔子和小乌龟

如果能这样友好地到达终点，童话里的小兔
子和小乌龟也会是幸福的结局吧。坐在圆圆
的龟甲上的小兔子要钩得小一点，使整体保
持平衡。

设计 / sa☆ya's 工房

Back Style
后背的蝴蝶结是一大
亮点。

要永远在一起哟！

婚庆小熊

用马海毛线编织的毛茸茸的婚庆小熊。在腹部、手掌和脚尖分别戳上了羊毛毡。这是特意为自己的婚礼制作的。

设计 / Kana Kumagai

可爱的花朵吸引了很多小蜜蜂。

会员编号···**96**

花仙子和小蜜蜂

最喜欢的灯笼花和以这种花为原型的花仙子。尖尖的耳朵和鞋头给人梦幻的感觉。

设计 / Kayo Hatori

Back Style

会员编号···**98**

小绵羊及小黑羊

坐得稳稳的、不同颜色的小绵羊。它们的特点是圆嘟嘟的身子和圆溜溜的眼睛。羊角弯弯的，就像画了一个圆圈。

设计 / yu-ma

咩~

咩~

Side Style

圆滚滚的身体就像鸡蛋一样，短小的四肢也非常可爱。

会员编号···**97**

新婚快乐

送给妹妹的结婚礼物。主体用钩针编织，外套和裙子用棒针编织。大大的眼睛使小熊的表情可爱极了。

设计 / 片山祐里

简单的绕线纽扣

只需在塑料圈中绕线即可完成可爱的纽扣。
英国自古流传的"多赛特纽扣（Dorset Button）"，
最近在日本也开始受到关注。
学会基础的制作方法后，就可以自由地变化。
让我们发挥创意，一起动手制作纽扣吧！

摄影：Yukari Shirai 造型：MegumiNishimori

绕线纽扣

或者单色，或者多色；
或者纯色，或者段染，
都非常有趣。
可以增加或者减少基底线，
也可以中途结束绕线。
只要少量的线和一点小创意就能轻松完成，
这正是其魅力所在。

设计 / Mayumi Iwata
制作方法 / p.64
使用线 / 各种中细 ~ 极细的剩线

大一点的纽扣可以制作成发圈和胸针。连接大小不一的纽扣制作成手链，也非常漂亮。

在纽扣上别上葫芦别针，可以制作成原创的针数记号圈。

将纽扣缝在小荷包的翻盖上，将是一大亮点。用作小猫胸针的眼睛，也非常有趣，充满创意。

绕线纽扣的制作方法

这里将介绍基础的绕线方法和应用变化的小创意。

材料和工具

- 塑料圈（在手工艺店和网店等均可购买），外径15～30mm均可
- 线（此处使用Hamanaka Korpokkur），2～3m
- 缝针

拉基底线

※8条基底线的情况。

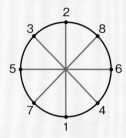

※此处为了方便理解使用了别的颜色的线，实际操作时使用绕线时的线继续拉基底线。如果使用与周围不同颜色的线，请参照后面的图示。

用线包住塑料圈

1
将线穿入缝针，用线头在塑料圈上打一个结。

2
按锁边绣的方法，将线绕在塑料圈上。绕线时，将步骤1中打结的线头包在里面。

3
如图所示，朝塑料圈的外侧用力拉紧，按相同的方法继续绕线，将塑料圈整圈都包在里面。注意不要绕得太密集。

4
绕线1圈后的状态。要均匀地绕线，看不见中间的塑料圈即可。

5
如果想将边缘的线结移至内侧，可以在这时进行调整。边缘的线结留在外侧也没关系。

6
用左手按住绕线终点的位置1，就像画圆的直径一样，从塑料圈的前面往后面拉线1→2。

7
在塑料圈的后面按2→1拉线，然后在前面按1→3、在后面按3→4拉线。

8
接下来，在塑料圈的前面按4→5、在后面按5→6拉线。

9
接着在塑料圈的前面按6→7、在后面按7→8拉线。将缝针从前往后插入1和7之间，注意不要让位置8的线错位。

10
拉紧刚刚穿过的线，进行调整，使各条基底线的交叉位置处于中心。
也可以特意调整交叉位置，使其偏离中心。

11
再用缝针将刚才拉出的线从后往前穿过2与8之间。按相同的方法，从前往后、从后往前，一边改变位置来回穿针，一边调整基底线的中心。

绕线

12
调整好中心后，开始绕线。首先从前往后将缝针插入适当的位置（此处为7与5之间）。

13
在步骤12出针位置的右边第2格（此处为3与2之间），将缝针从后往前穿出。

14
在步骤13出针位置的左边第1格（此处为5与3之间），从前往后插入缝针。

15
接下来，按半回针缝的方法顺时针方向重复以上操作。图为完成1圈后的状态。

绕线的替换方法
（结束方法、开始方法）

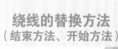

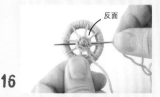

16
结束绕线时，将塑料圈翻至反面，将线穿过绕线中间，拉出后剪断。注意线不要露出正面。

17
接新线时，也同样将塑料圈翻至反面，将线穿过绕线中间，拉出。

18
线头在绕线时一起包在里面，继续绕线。

应用变化 ## 绕塑料圈的线与基底线不同时

1
在塑料圈上绕线1圈完成后，将缝针穿入绕线起点处的边缘的线结，穿过几针后将线拉出，剪断。

2
用左手按住新线的线头一侧，开始拉基底线。拉好基底线后，线头在绕线时一起包在里面。剪断多余的线头。

应用变化 ## 将基底线拉成蝴蝶结形状时

1
按步骤6～9的方法，就像画圆的直径一样拉基底线。将基底线分成2组，而不是均等分，在中心固定交叉位置。

2
在分成2组的其中一侧绕线。一侧绕好后，在绕线中间穿入缝针，在另一侧将线拉出，按相同的方法绕线。

马海毛的故乡
——南非

编织设计师野口光从远离日本的南非给
我们发来了报道。

撰文：Hikaru Noguchi 摄影：Hikaru Noguchi, Mohair South Africa

你是否知道世界上50%～65%的马海毛原毛其实都产自南非共和国？

提供马海毛原料的安哥拉山羊的饲养历史可追溯到1800年。1820年，英国殖民者在南非濒临印度洋的东开普省登陆，为了收获羊毛和棉花，在那片全新的土地上经营着牧场和棉花地。之后到了1839年，从土耳其进口的安哥拉公山羊中很偶然地混进了怀孕的母山羊，于是安哥拉山羊开始在当地繁衍，马海毛的生产也从此展开。从那以后，马海毛产业逐渐发展为代表性的南非纤维产业，拥有世界第一的生产量和高品质。

南非的东开普省四季干燥，早晚温差很大。作为安哥拉山羊食物的植物即使在土耳其国内也只生长在很小范围内，而东开普省却生长着这种植物，这样的环境非常适合安哥拉山羊栖息。但是，安哥拉山羊饲养起来要比绵羊麻烦，加上饲养的农户也不多，所以马海毛便成了稀缺的天然纤维。

安哥拉山羊有着纵向卷曲的、长长的羊毛，专业的剪毛工会很小心地剪取羊毛，熟练的剪毛工还会根据羊毛的手感和品相按不同的品质进行细致的分类。小羊羔第一次剪取的羊毛最为柔软，幼马海毛纺成的线是高级的编织毛线，非常珍贵。从成年山羊身上剪取的最优质的纤维常用于制作高级男士西服的布料，由于纤维的强度很高，也经常用于制作毛毯及椅垫的面料。高级泰迪熊的表布也是用马海毛制作的。马海毛具有绝佳的透气性和耐用性，即使不清洗也不会发臭，最近马海毛的这些特性被用来开发制作多功能运动袜和登山袜等，越来越受到人们的关注。

马海毛具有特殊的光泽和柔软的毛纤维，能使普通款式的织物焕发别样的光彩。既然难得花时间和精力手工编织，那就不要用化学纤维，尽量用优质的纯天然马海毛*吧！起绒后的效果总让人觉得适合编织冬装，实际上，马海毛具有良好的吸汗透气性能，即使夏天穿着也会感觉很干爽。在湿度大的地区或许不容易，但是在早晚气温很低又干燥的避暑山区，用幼马海毛线编织的毛衣、背心和披肩等轻薄柔软，折叠起来一点都不占空间，所以非常受人欢迎。可以在自己家里轻柔地手洗，晾干后只需来回抖

安哥拉山羊喜欢吃生长于草原气候的多肉植物。因为这些植物不像牧草那样可以人工种植，所以安哥拉山羊的放牧区域就是这些植物的生长区域。

*很多马海毛线材是将马海毛纤维与蚕丝、化学纤维等混纺而成的。

野口 光（Hikaru Noguchi）

南非马海毛协会顾问。毕业于武藏野美术大学，后到英国密德萨斯大学留学，学习纺织专业硕士课程。以英国为基地创立了编织品牌"hikaru noguchi"。野口光一直活跃在各个领域，包括与时尚品牌的合作、手工艺方面的咨询，以及图书的写作等。

1 在东开普省拥有最先进设备的制线工厂。几个工人在巨大的厂房里管理着机器。他们正在用这种机器制作极细马海毛的圈圈线，制作完成的线再绕到筒芯上后就可以出货了。2、11 东开普省埃滕哈赫（Uitenhage）有南非最大的马海毛毛毯编织工厂。这里生产的毛毯和围毯被打造成世界一流的室内时尚品牌产品。不同的配色给人的感觉也不一样。3 伊丽莎白港（Port Elizabeth）的纤维拍卖代理商的仓库。4 马海毛作为制作高级泰迪熊用的毛质材料很受重视。马海毛天然的漂亮光泽和卷曲效果，是化学纤维无法做到的。5 据说熟练工人只需将羊毛放在手上就能判断等级。6 南非国内对毛线的大部分需求都是便宜的化纤毛线。其中，以"阿黛勒马海毛"公司为首的几家小作坊凭借小规模生产的优势，悉心研制了手工艺花式线，销往世界各国的服饰手工艺店。7、9 剪羊毛的场景。专业的剪毛工们辗转于非洲南部的牧场，用电推剪和剪刀给成百上千头的山羊剪毛。在不伤及山羊身体的前提下迅速地剪取尽可能长的羊毛，是这些剪毛工们的专业技能。剪取的羊毛越长越贵，价格以毫米为单位变动，真是严酷的世界。8 剪下来的羊毛由熟练的工人按羊毛出自羊的哪个部位，羊毛的长短、粗细、光泽度、卷曲度、清洁度等因素分成不同等级。10 按等级分类后的羊毛被集中送往位于东开普省中心伊丽莎白港的纤维拍卖代理商的仓库里。在仓库的附属科学实验室里，通过分析这些羊毛的数据，可以进一步对羊毛进行等级分类。这些数据将作为拍卖竞价的判断标准。

几次，就能轻松除去褶皱，恢复蓬松的效果，真是令人称奇。马海毛纤维非常纤细柔软，也很结实，所以完全不用担心薄薄的毛衣容易磨破。如果你还是觉得全用马海毛线会不够结实，可以给马海毛线加1股配线，或者将极细的幼马海毛线和羊毛线合股编织，这样编织出来的织物表面整体会有种雾蒙蒙的效果，一件普通的毛衣马上就变得时尚起来。虽然在日本马海毛给人一种女性优雅的印象，我仍然推荐男士毛衣也使用马海毛线。

非营利组织南非马海毛协会（MOHAIR SOUTH AFRICA）以维持这样的马海毛产业环境并促进其发展为目的，为马海毛相关的所有产业（包括安哥拉山羊饲养农户，原毛加工厂，物流业，拍卖行，制线、产品加工厂，以及服装学校等）提供最新的信息和援助，建立网络，开展营销活动等。世界各地的"马海毛时装设计大赛"就是其中之一，曾于2013年在日本、2014年在美国举行，2015年又再次在日本举行。希望喜欢日本的编织和手工艺的朋友们都能了解马海毛这种优质素材，并用马海毛线创作漂亮的作品。

白铁皮制作的风车下是汲取地下水的水井。这是非洲的一道独特风景。

用剩线编织小物

即使只剩下一点线，
也不想浪费吧。
少量的线，就足够制作小饰品了。
将剩线也充分利用起来，制作漂亮的小物吧！

摄影：Ikue Takizawa 造型：Kana Okuda (Koa Hole)
发型及化妆：Yuriko Yamazaki 模特：Lindsey

蝴蝶结形状的发圈

利用夹金银线的线材的特征，
巧妙制作蝴蝶结形状的可爱发圈。

设计 / KUMIKO

小树叶装饰链

连接各种颜色的小树叶，制作成装饰链。
既可以绕在手腕上用作手链，
也可以用作腰带。

设计 / 越膳夕香

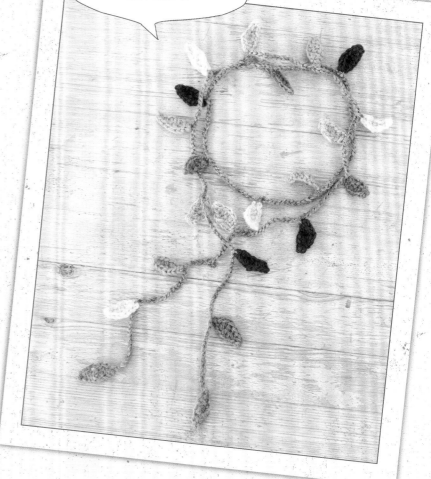

胸花

圆圆的形状非常可爱。
线的变化使胸花呈现出层次感。

设计 / 越膳夕香

胸花的编织方法

材料与工具

Hamanaka Aran Tweed深红色（6）5g，粉红色（5）、玫瑰红色（14）各少量

30mm胸花别针1个

钩针8/0号

编织要点

● 主体环形起针后开始钩织，参照图解一边换色一边钩4行。

● 在反面缝上胸花别针。

主体

配色表	
行数	颜色
第4行	粉红色
第3行	玫瑰红色
第1、2行	深红色

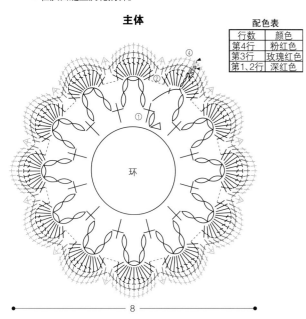

环

8

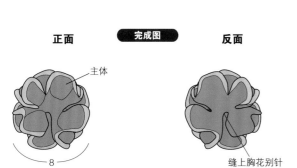

正面　**完成图**　反面

主体

8

缝上胸花别针

蝴蝶结形状的发圈的编织方法

材料与工具

后正产业 Jewel 深蓝色（07）4g

橡皮圈1个

棒针10号

密度

10cm×10cm面积内：编织花样16针、30行

编织要点

● 用另线锁针起针法起8针，织22行桂花针，然后一边减针一边织8行。最后一针织完后将线拉出，拉紧。解开另线锁针挑取针目，按相同的要领编织另一侧。

● 参照图示，将主体穿入橡皮圈，打一个结后缝好，注意保持端正。

主体

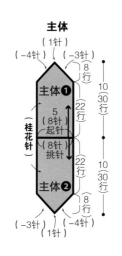

主体

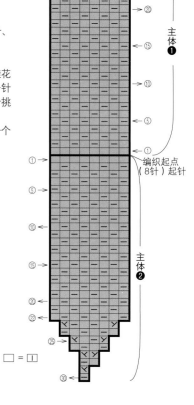

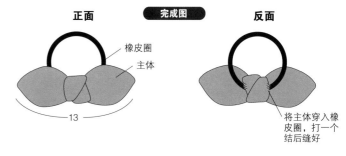

正面　**完成图**　反面

橡皮圈
主体

13

将主体穿入橡皮圈，打一个结后缝好

小树叶装饰链的编织方法

材料与工具

Puppy British Eroika深灰色（120）5g，紫色（103）、烟灰色（173）、米色（182）、蓝色（190）、绿色（197）各3g

钩针8/0号

编织要点

● 钩315针锁针制作细绳。

● 叶子钩7针锁针起针，然后再钩1行。

● 参照图示，将叶子缝在细绳上。

细绳　深灰色　1条

160（315针锁针）

叶子

紫色、烟灰色、米色、蓝色、绿色…各4片
深灰色…2片

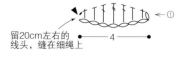

留20cm左右的线头，缝在细绳上

4

完成图

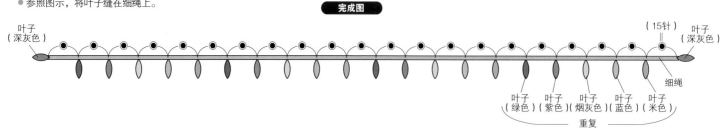

叶子（深灰色）

叶子（深灰色）

（15针）

细绳

叶子（绿色）　叶子（紫色）　叶子（烟灰色）　叶子（蓝色）　叶子（米色）

重复

编织的 Q 和 A

这里是编织答疑专栏。
这次将向大家介绍开始编织前的基础小知识、线的处理方法，以及织错后的补救方法。
摄影：Noriaki Moriya

棒针编织

Q 中途漏针了。只能拆掉重新编织吗？

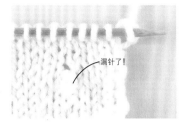

漏针了！

A 如果针法简单，可以很容易地进行修正。

❶首先，编织至漏针处的前一针。

❷用钩针挑起漏掉的针目，再挑取针目与针目之间的横线（沉环），引拔拉出，纵向重复此操作。

注意针目的方向

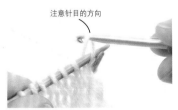

❸将最后一针从钩针上移至左棒针上。

❹漏掉的针目补上啦！
※如果是上针，按相同方法从反面插入钩针挑针。

钩针编织

Q 织错后往回拆的时候，经常会拆过头。有什么好办法吗？

A 在织错的针目的头部里插入钩针，然后再开始拆。

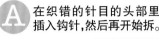

多了1针！

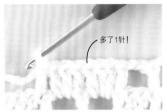

❶图中多钩了1针长针，以此为例进行说明。

❷在织错的针目的头部里插入钩针。

❸拉线头，拆开。

❹回到织对的地方。

point

织错的时候也按相同的要领进行修正。

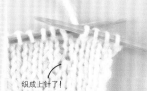

织成上针了！

应该织下针的地方织成上针的时候，只需将该针目拆到织错的那一行，然后按漏针时的处理方法进行修正即可。

Q 编织过程中线团总是会滚动，线容易缠在一起。有什么抽线的技巧吗？

A 从线团的中心抽出线头。

从线团的中心找到线头，将线拉出后使用。虽然线团外侧也有线头，但是如果从外侧线头开始编织，线团就会滚动，既不方便编织，也会影响线的捻度。

point

甜甜圈状的线团

如果是绕成甜甜圈状、标签穿过中心的线团，最好从中心拉出线头使用。因为标签上印有关于线的信息，所以不要扔掉，先保留好。

蕾丝线等线团

如果是蕾丝线等绕在硬芯上的线团，从外侧开始使用。将线团放在塑料袋里，就不会弄脏了，也能防止线团乱跑。

找不到线头，怎么办？

❶如果怎么也找不到线头，可以取出一小团线。

❷静下心来从这一小团的线里找出线头，将线呈8字形绕在拇指和食指上。

❸绕好一部分后，将拇指上的线取下，移到食指上。

❹将线从食指上取下来，注意不要让线环散开。

❺将线头稍稍拉出来一点，再将剩下的线绕在刚才的线环上。

❻从绕好的小线团中心抽出线头开始编织。

钩针

钩针的拿法、挂线的方法

右手
（钩针的拿法）

3~4cm

用拇指和食指轻轻地拿
着钩针，再放上中指。

左手
（挂线的方法）

1 将线穿到中间2根手指的内侧，线团留在外侧。

2 若线很细或者很滑，可以在小指上绕1圈。

拉紧备用

3 食指向上抬，将线拉紧。

符号图的看法

往返编织

所有针目均使用符号表示（参见编织针目符号）。将这些符号组合在一起就成为符号图，是在编织织片（花样）时需要用到的。

符号图标示的都是从正面看到的样子。但实际编织的时候，有时从正面编织，有时也会将织片翻转后从反面编织。

看符号图的时候，我们可以通过看立织的锁针在左侧还是右侧来判断是从正面编织还是从反面编织。当立织的锁针在一行的右侧时，该行就是从正面编织的；当立织的锁针在一行的左侧时，该行就是从反面编织的。

看符号图编织时，从正面编织的行总是从右向左看；与之相反，从反面编织的行从左向右看。

从中心开始环形编织（花片等）

在手指上挂线环形起针，像从花片的中心开始画圈一样，逐渐向外编织。基本的方法是，从立织的锁针开始，向左一行一行地编织。

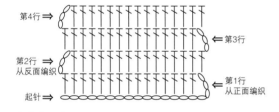

第4行
第3行
第2行
从反面编织
第1行
从正面编织
起针

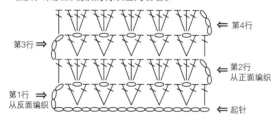

第4行
第3行
第2行
从正面编织
第1行
从反面编织
起针

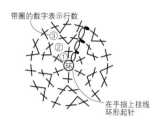

带圈的数字表示行数

在手指上挂线环形起针

锁针起针的挑针方法

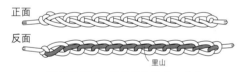

正面
反面
里山

锁针的反面，线呈凸起状态。我们将这些凸起的线叫作"里山"。

从锁针的里山挑针

挑针后，锁针正面的针目会保留下来，非常平整。适合不做边缘编织的情况。

从锁针的半针和里山挑针

这种方法比较容易挑取针目，针目也比较端正。适合镂空花样等跳过几针挑针的情况，或是使用细线编织的情况。

在手指上挂线环形起针

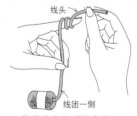

线头
线团一侧

1 将线头在左手的食指上绕2圈。

按住

2 按住交叉点将线环取下，注意不要让线环散开。

3 换左手拿线环，在线环中插入钩针，挂线后从线环的中间拉出。

4 再次挂线，引拔。

将锁针连接成环形起针

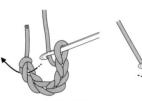

1 钩织所需针数的锁针，将钩针插入第1针锁针的半针和里山。

引拔

2 挂线，引拔。

5 最初的针目完成。但是这一针不计入针数中。

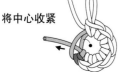

将中心收紧

6 拉线头，线环的2根线中有1根（•）会活动。

7 拉活动的那根线，将另一根线（★）收紧。

8 再次拉线头，收紧会活动的线（•）。

引拔后的针目

3 锁针连成了环形。

钩针的基础针法

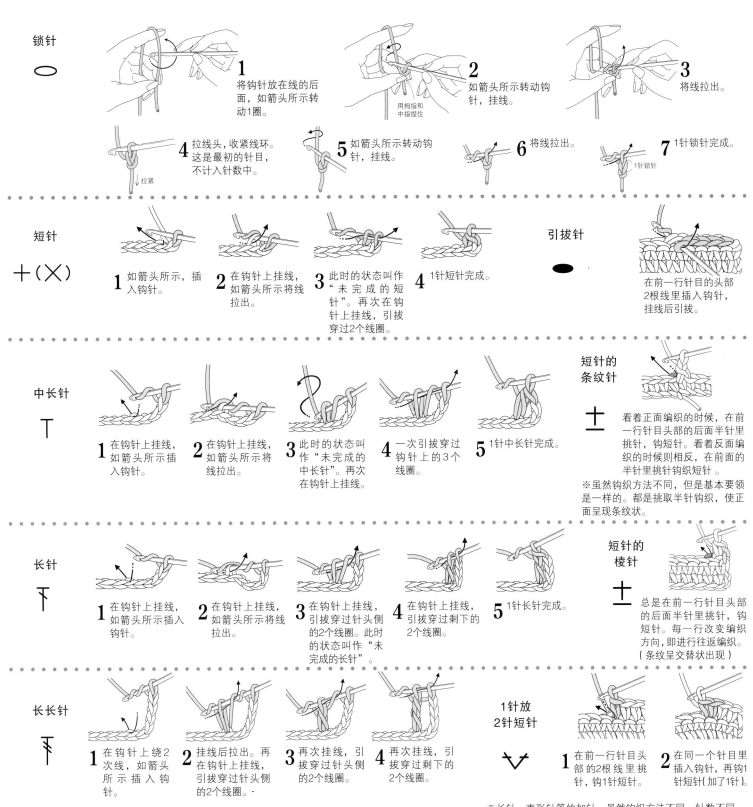

锁针 ○

1 将钩针放在线的后面，如箭头所示转动1圈。

2 如箭头所示转动钩针，挂线。
用拇指和中指捏住

3 将线拉出。

4 拉线头，收紧线环。这是最初的针目，不计入针数中。
拉紧

5 如箭头所示转动钩针，挂线。

6 将线拉出。

7 1针锁针完成。
1针锁针

短针 ＋（×）

1 如箭头所示，插入钩针。

2 在钩针上挂线，如箭头所示将线拉出。

3 此时的状态叫作"未完成的短针"。再次在钩针上挂线，引拔穿过2个线圈。

4 1针短针完成。

引拔针 ●

在前一行针目的头部2根线里插入钩针，挂线后引拔。

中长针 丅

1 在钩针上挂线，如箭头所示插入钩针。

2 在钩针上挂线，如箭头所示将线拉出。

3 此时的状态叫作"未完成的中长针"。再次在钩针上挂线。

4 一次引拔穿过钩针上的3个线圈。

5 1针中长针完成。

短针的条纹针 土

看着正面编织的时候，在前一行针目头部的后面半针里挑针，钩短针。看着反面编织的时候则相反，在前面的半针里挑针钩织短针。

※虽然钩织方法不同，但是基本要领是一样的。都是挑取半针钩织，使正面呈现条纹状。

长针 下

1 在钩针上挂线，如箭头所示插入钩针。

2 在钩针上挂线，如箭头所示将线拉出。

3 在钩针上挂线，引拔穿过针头侧的2个线圈。此时的状态叫作"未完成的长针"。

4 在钩针上挂线，引拔穿过剩下的2个线圈。

5 1针长针完成。

短针的棱针 土

总是在前一行针目头部的后面半针里挑针，钩短针。每一行改变编织方向，即进行往返编织。（条纹呈交替状出现）

长长针 〟

1 在钩针上绕2次线，如箭头所示插入钩针。

2 挂线后拉出。再在钩针上挂线，引拔穿过针头侧的2个线圈。

3 再次挂线，引拔穿过针头侧的2个线圈。

4 再次挂线，引拔穿过剩下的2个线圈。

1针放2针短针 ∨

1 在前一行针目头部的2根线里挑针，钩1针短针。

2 在同一个针目里插入钩针，再钩1针短针（加了1针）。

※长针、枣形针等的加针，虽然钩织方法不同，针数不同，但是基本要领是一样的，都是在同一个针目里钩入所需针数。

3卷长针 〟

1 在钩针上绕3次线，如箭头所示插入钩针。

2 挂线后拉出。再在钩针上挂线，引拔穿过针头侧的2个线圈。

3 在钩针上挂线，引拔穿过针头侧的2个线圈。再重复2次这个步骤。

2针短针并1针 ∧

1 挂线后拉出。在下一个针目里插入钩针，同样挂线后拉出。

2 再次在钩针上挂线，引拔穿过钩针上的3个线圈。

3 2针短针并1针完成（减了1针）。

※中长针、长针等的并针，虽然钩织方法不同，针数不同，但是基本要领是一样的，都是钩所需针数的未完成的针目后，一次引拔穿过所有线圈。

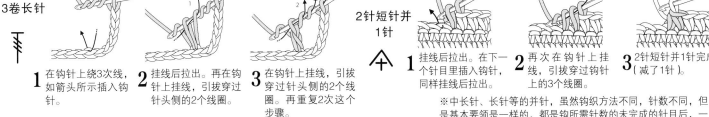

3针长针的枣形针（成束挑针）

1 在钩针上挂线后，将钩针插入前一行锁针下方的空隙里（成束挑针）。

2 钩3针未完成的长针，在钩针上挂线，一次引拔穿过钩针上的4个线圈。

3 3针长针的枣形针完成。

变化的3针中长针的枣形针（在针目里插入钩针）

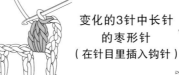

1 钩3针未完成的中长针，在钩针上挂线后引拔穿过6个线圈（剩下最右边的线圈）。

2 再在钩针上挂线，引拔穿过剩下的2个线圈。

3 变化的3针中长针的枣形针完成。

※中长针、长针等的枣形针，虽然钩织方法不同，针数不同，但是基本要领是一样的，都是钩指定针数的未完成的针目后，一次引拔穿过所有线圈。
※如果符号的根部是连在一起的，在前一行的1个针目里插入钩针钩织；如果符号的根部是分开的，则成束挑起前一行的锁针等针目钩织。

长针的正拉针

1 在钩针上挂线，然后如箭头所示，从前面插入钩针，挑取符号中钩子部分（⌡）所指针目的整个尾针。

2 在钩针上挂线后拉出，将线拉得稍微长一点。再次挂线，引拔穿过钩针上的2个线圈。

3 再次在钩针上挂线，引拔穿过剩下的2个线圈（钩长针）。

4 长针的正拉针完成。

长针的反拉针

在钩针上挂线，如箭头所示，从后面插入钩针，挑取符号中钩子部分（⌐）所指针目的整个尾针，钩长针。

※中长针、枣形针等的拉针，虽然钩织方法不同，针数不同，但是基本要领是一样的。注意钩针的插入方向，挑取符号中钩子部分所指针目的整个尾针钩织。

变化的长针1针交叉（右上）

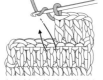

1 钩长针，在钩针上挂线，如箭头所示，挑取前一针针目，在刚钩好的长针的前面将线拉出。

2 在钩针上挂线，重复2次"引拔穿过2个线圈"（钩长针）后，右边的长针交叉于上方。

变化的长针1针交叉（左上）

1 钩长针，在钩针上挂线，如箭头所示，挑取前一针针目，在刚钩好的长针的后面将线拉出。

2 在钩针上挂线，重复2次"引拔穿过2个线圈"（钩长针）后，左边的长针交叉于上方。

※拉针、枣形针等的交叉，虽然钩织方法不同，针数不同，但是基本要领是一样的。交叉钩织，使符号断开的针目位于下方。

短针的圈圈针

※引拔针的圈圈针（⊔）钩织要领也是一样的。钩引拔针代替短针。

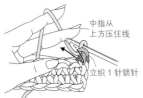

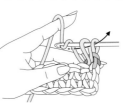
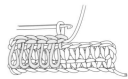

中指从上方压住线　立织1针锁针

1 用左手的中指从线的上方压至后侧，挑取前一行的针目，在钩针上挂线。

2 左手的中指压住线（压住的线的长度决定线环的大小），在钩针上挂线。

3 将所挂的线拉出。

4 在钩针上挂线，引拔穿过钩针上的2个线圈（钩短针）。

5 取出中指，反面就出现了线环（从反面看到的状态）。

5针长针的爆米花针（在针目里插入钩针）

●看着反面钩织时

1 钩5针长针。暂时取下钩针，将钩针从前面插入第1针长针中。

2 将刚才从钩针上取下的针目从第1针里拉出。

3 钩1针锁针收紧，锁住刚才拉出的针目。

从后往前插入钩针，将针目拉出至后侧（正面）。

卷针

※在步骤1中，如果沿着线的捻向绕线，线圈就不容易散开。

绕线　　引拔

1 在钩针上绕线，绕指定圈数后在前一行的针目里挑针。

2 挂线后拉出。

3 在钩针上挂线，一次引拔穿过刚才拉出的线圈和绕在钩针上的线圈。

4 在钩针上挂线，引拔穿过剩下的2个线圈。

5 卷针完成。

棒针的拿法

法式
这是将线挂在左手食指上的编织方法，合理动用10根手指，可以快速编织。建议初学者使用这种方法。

棒针的法式拿法是用拇指和中指拿针，无名指和小指自然地放在后面。右手的食指也放在棒针上，可以调整棒针的方向，同时按住边上的针目以防止脱针。用整个手掌握住织片。

正确的针目状态

下针	上针

手指挂线起针

这种起针方法很简单，除了编织用线和棒针之外不需要任何其他工具。使用这种方法起的针目具有伸缩性、比较薄，而且很平整。起好的针目就是第1行了。

1 预留长度为3倍于所需编织宽度的线头，制作1个线环，将线从线环中拉出。

拉两端的线头，收紧线环

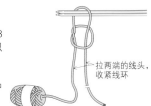
2 穿入2根棒针，拉线，收紧线环。

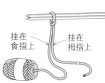
3 第1针完成的状态。将线挂在左手的手指上。

挂在食指上　挂在拇指上

4 按照1、2、3的顺序，转动棒针进行挂线。

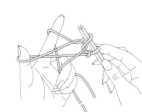
5 放开挂在拇指上的线。

6 如箭头所示，用拇指拉紧线头侧的线。

7 第2针完成。重复步骤4~6。

8 起针完成。这就是第1行。抽出1根棒针后再编织第2行。

棒针的基础针法

下针 | ┃ |　　上针 | ─ |　　挂针 | ○ |　　扭针 | Ɋ |

1 如箭头所示，将右棒针从后面插入，使针目扭转。
2 在右棒针上挂线，织下针。下面一行针目的根部呈扭转状态。

右上2针并1针

| ↘ |

不编织，直接移至右棒针上

    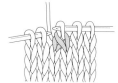

1 将右棒针从前面插入左棒针上右边的针目里，不编织，直接将该针目移至右棒针上。
2 在左边的针目里织下针。
3 用左棒针挑起刚才移至右棒针上的针目，将其覆盖至步骤**2**中所织的针目上。

覆盖

4 覆盖后，退出左棒针。
5 右上2针并1针完成。

左上2针并1针

| ↙ |

1 如箭头所示，将右棒针从左边一次插入2个针目里。
2 挂线后拉出，在2个针目里一起织下针。

上针的左上2针并1针

| ↙ |

1 如箭头所示，将右棒针从右边一次插入2个针目里。
2 在右棒针上挂线后拉出，在2个针目里一起织上针。
3 上针的左上2针并1针完成。

上针的右上2针并1针

| ↘ |

  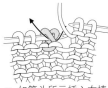  

1 如箭头所示插入右棒针，将针目分别移至右棒针上。
2 如箭头所示插入左棒针，将针目移至左棒针上。
3 如箭头所示插入右棒针。
4 在2个针目里一起织上针。
5 上针的右上2针并1针完成。

中上3针并1针

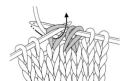   

1 如箭头所示，在左棒针上右边的2个针目里插入右棒针，不编织，直接移至右棒针上。

2 在第3个针目里插入右棒针，挂线后拉出，织下针。

3 用左棒针挑起移至右棒针上的2个针目，将其覆盖至刚才所织的针目上。

4 覆盖后，退出左棒针。

5 中上3针并1针完成。

右加针

 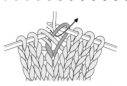  

1 在需要加针的针目的前一行针目里，如箭头所示，从前面插入右棒针。

2 用右棒针拉出前一行针目的状态。

3 在右棒针上挂线，如箭头所示拉出，织下针。

4 挂在左棒针上的针目也织下针。

5 右加针完成。

右上2针交叉

※即使针数和编织方法不同，基本要领是一样的。

 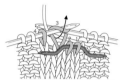   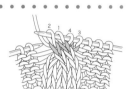

1 将针目1、2移至麻花针上，放在前面备用。

2 分别在针目3、4里织下针。

3 在麻花针上的针目1里，如箭头所示插入右棒针织下针。

4 在针目2里织下针。

5 右上2针交叉完成。

左上2针交叉

※即使针数和编织方法不同，基本要领是一样的。

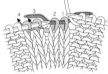   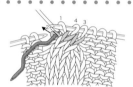 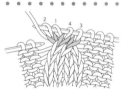

1 将针目1、2移至麻花针上，放在后面备用。

2 在针目3里织下针。

3 在针目4里也织下针。

4 分别在麻花针上的针目1、2里织下针。

5 左上2针交叉完成。

扭加针（下针）

※上针的扭加针（□），按相同的要领挑起针目之间的横线，织上针。

（右侧）

 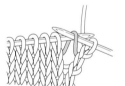 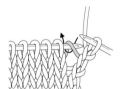 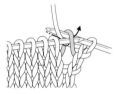 

1 如箭头所示插入右棒针。

2 将右棒针挑起的线圈移至左棒针上。

3 在移至左棒针上的针目里，如箭头所示插入右棒针。

4 在右棒针上挂线，如箭头所示将线拉出（织下针）。

5 退出左棒针，右侧的扭加针完成。

（左侧）

 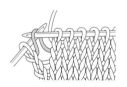 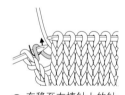 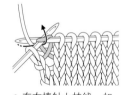 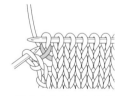

1 如箭头所示插入右棒针。

2 将右棒针挑起的线圈移至左棒针上。

3 在移至左棒针上的针目里，如箭头所示插入右棒针。

4 在右棒针上挂线，如箭头所示将线拉出（织下针）。

5 退出左棒针，左侧的扭加针完成。

滑针（1行）

不编织，直接移至右棒针上

移过来的针目

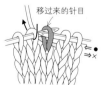 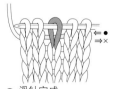

1 将线放在后面，如箭头所示将右棒针从后往前插入针目里，不编织，直接移至右棒针上。

2 如箭头所示将右棒针插入下个针目里，织下针。（此为下针的情况。）

3 滑针完成。

伏针收针

覆盖

织2针，用左棒针的针头挑起前面的针目覆盖至后面的针目上。重复操作"织下一针，将前一针挑过来覆盖"。

※行数不同也好，上针也好，基本要领都是一样的。不要改变针目的方向，不编织，直接移至右棒针上。

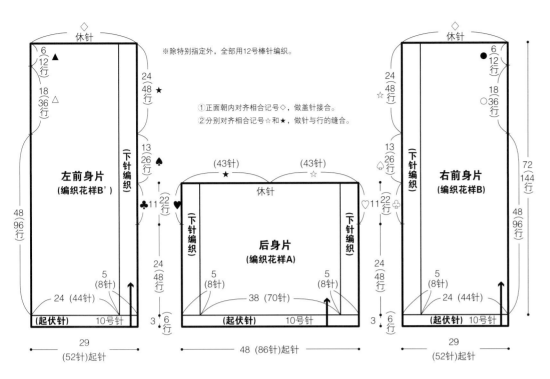

※除特别指定外，全部用12号棒针编织。

①正面朝内对齐相合记号◇，做盖针接合。
②分别对齐相合记号☆和★，做针与行的缝合。

p.4
连帽开衫

材料与工具
后正产业 Rover·Rover Colors（新色）米色（20）
610g
棒针12号、10号

成品尺寸
胸围106cm

密度
10cm×10cm面积内：下针编织15针、20行，编织花样A~D 18.5针、20行

编织要点
●后身片和前身片手指挂线起针，如图所示编织，编织结束时休针备用。将左、右前身片的编织终点正面朝内对齐，做盖针接合。
●对齐后身片和前身片的相合记号进行针与行的缝合。
●参照图解从身片挑针一边减针一边编织袖子。编织结束时做伏针收针。缝合袖下。
●缝合胁部。
●从前身片挑针编织帽子，如图所示进行减针。将编织终点正面朝内对齐后做盖针接合。

左前身片
(编织花样B')

右前身片
(编织花样B)

后身片
(编织花样A)

(起伏针)　10号针

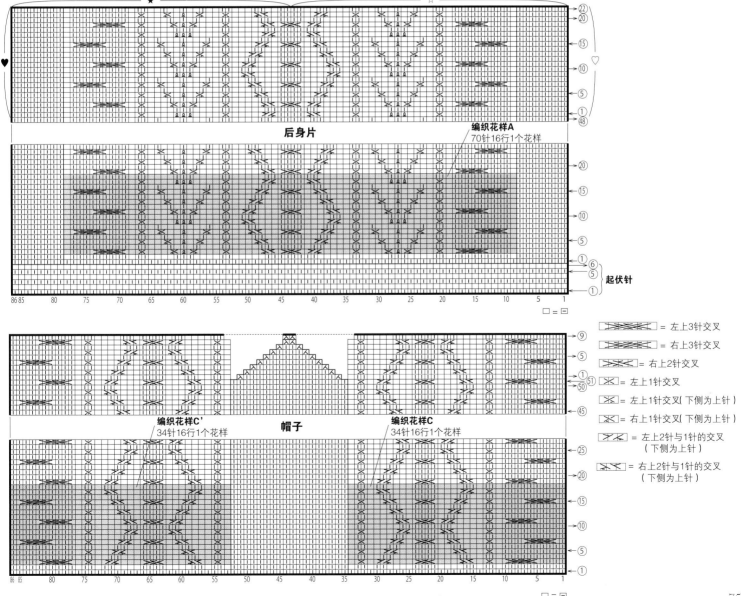

后身片

编织花样A
70针16行1个花样

起伏针

帽子

编织花样C'
34针16行1个花样

编织花样C
34针16行1个花样

= 左上3针交叉

= 右上3针交叉

= 右上2针交叉

= 左上1针交叉

= 左上1针交叉（下侧为上针）

= 右上1针交叉（下侧为上针）

= 左上2针与1针的交叉（下侧为上针）

= 右上2针与1针的交叉（下侧为上针）

□ = □

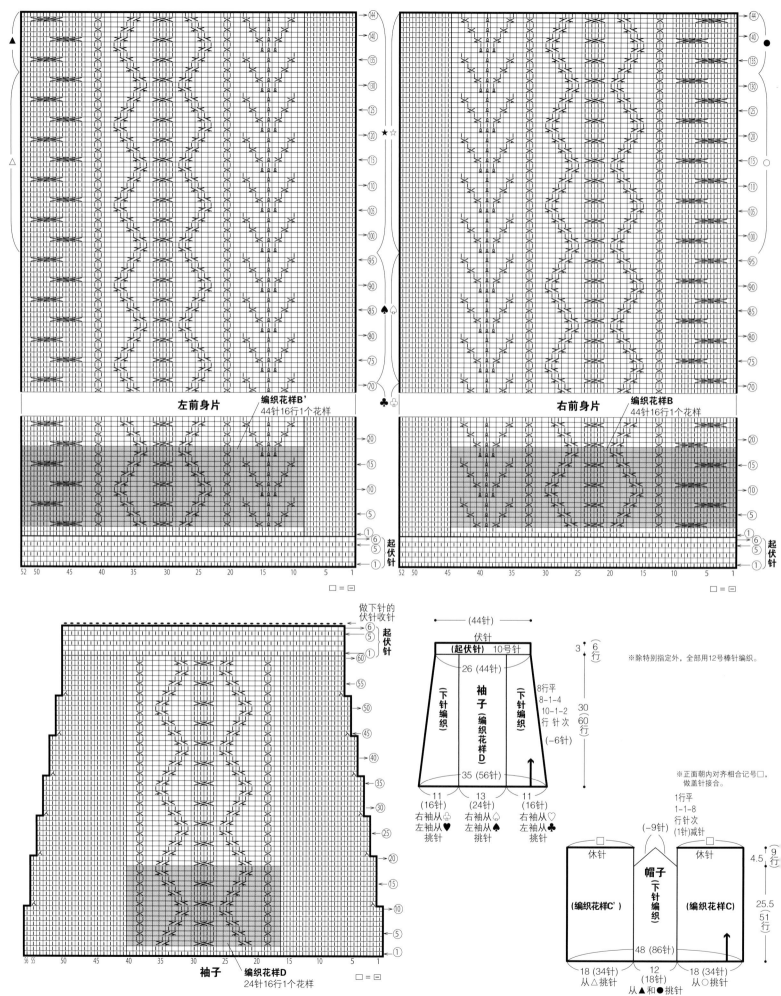

左前身片
编织花样B'
44针16行1个花样

右前身片
编织花样B
44针16行1个花样

起伏针

袖子
编织花样D
24针16行1个花样

做下针的伏针收针

(44针)
伏针
(起伏针) 10号针
26 (44针)
袖子
(编织花样D)
下针编织
下针编织
8行平
8-1-4
10-1-2
行针次
(-6针)
35 (56针)
11 (16针)
13 (24针)
11 (16针)
右袖从♣ 右袖从♠ 右袖从♡
左袖从♥ 左袖从♠ 左袖从♣
挑针 挑针 挑针

3 (6行)
30 (60行)

※除特别指定外,全部用12号棒针编织。

※正面朝内对齐相合记号□,
做盖针接合。

1行平
1-1-8
行针次
(1针)减针

休针
(编织花样C')
帽子
(下针编织)
休针
(编织花样C)

4.5 (9行)
25.5 (51行)

48 (86针)
18 (34针)
从△挑针
12 (18针)
18 (34针)
从○挑针
从▲和●挑针

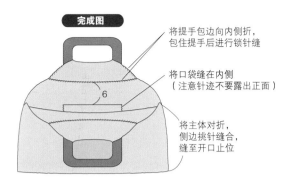

完成图

将提手包边向内侧折，
包住提手后进行锁针缝

将口袋缝在内侧
（注意针迹不要露出正面）

将主体对折，
侧边挑针缝合，
缝至开口止位

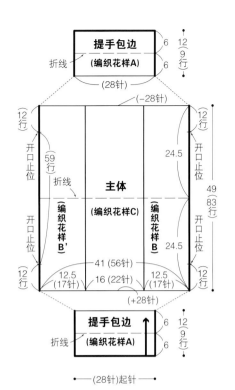

提手包边
(编织花样A)

折线

(28针)

(−28针)

主体

(编织花样C)

(编织花样B')

(编织花样B)

41 (56针)

12.5
(17针)

16 (22针)

12.5
(17针)

(+28针)

提手包边 ↑
(编织花样A)

折线

(28针)起针

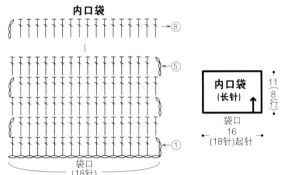

内口袋

内口袋
(长针)

袋口
16
(18针)起针

袋口
(18针)

p.7
祖母风手提包

材料与工具
后正产业Lara绿色（07）245g
钩针10/0号
Hamanaka木制提手（H210-706-2深棕色）1对

成品尺寸
宽41cm，深30.5cm（不含提手）

密度
10cm×10cm面积内：编织花样B、B'、C13.5针、17行

编织要点
●钩28针锁针起针，从提手包边开始钩织。第1行钩长针，从第2行至第9行按编织花样A钩织。
●主体部分在第1行加针，如图所示，按编织花样B、C、B'钩织83行。在第83行减针。
●继续钩织另一侧的提手包边。
●钩织内口袋，缝在主体的反面。
●将主体正面朝外对折，侧边挑针缝合，缝至开口止位。
●用提手包边包住提手，如图所示进行锁针缝。

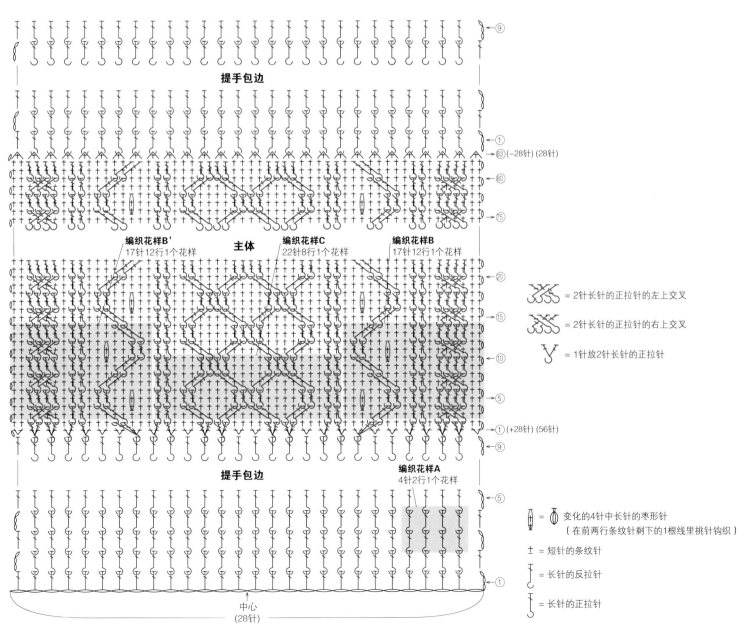

提手包边

编织花样B'
17针12行1个花样

主体

编织花样C
22针8行1个花样

编织花样B
17针12行1个花样

提手包边

编织花样A
4针2行1个花样

中心
(28针)

= 2针长针的正拉针的左上交叉

= 2针长针的正拉针的右上交叉

= 1针放2针长针的正拉针

= 变化的4针中长针的枣形针
（在前两行条纹针剩下的1根线里挑针钩织）

± = 短针的条纹针

= 长针的反拉针

= 长针的正拉针

p.7
露指手套

材料与工具
后正产业Fontaine浅茶色（02）80g
棒针7号、5号

成品尺寸
掌围20cm，长26.5cm

密度
10cm×10cm面积内：编织花样B 40针、32行

编织要点
●用手指挂线起针法起40针，连接成环形后按编织花样A编织29行。
●加针至80针，按编织花样B环形编织。只有拇指孔所在的那几行做往返编织。
●编织结束时做伏针收针。
●编织2个。

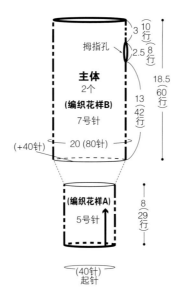

拇指孔
3 (10行)
2.5 (8行)
主体
2个
(编织花样B)
7号针
18.5 (60行)
13 (42行)
(+40针)
20 (80针)

(编织花样A)
5号针
8 (29行)

(40针)
起针

完成图

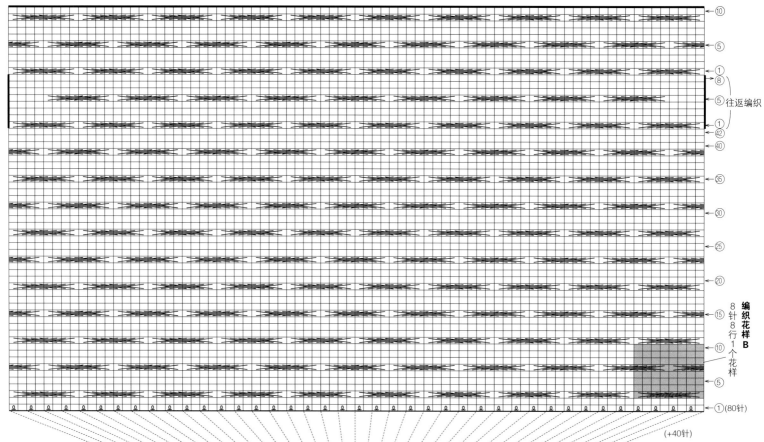

往返编织

编织花样B
8针8行1个花样

(80针)
(+40针)

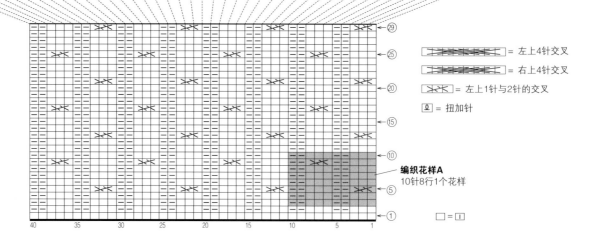

编织花样A
10针8行1个花样

= 左上4针交叉

= 右上4针交叉

= 左上1针与2针的交叉

= 扭加针

□ = □

p.9
从上往下编织的短袖套头衫

材料与工具
后正产业Loiseau Bleu可可色（09）350g
棒针7号、5号、6号，钩针5/0号

成品尺寸
胸围92cm，衣长56.5cm，连肩袖长29.5cm

密度
10cm×10cm面积内：下针编织19针、29.5行，
编织花样 26针、29.5行

编织要点
●用手指挂线起针法起128针，连接成环形后编织
10行双罗纹针作为领口。
●参照图解，在编织花样的第1行加针，编织48行
作为前、后身片和左、右袖的育克部分。插肩袖通
过两侧立织2针下针，里侧织挂针或扭针进行加
针。扭针的方向左右对称。
●只有后身片在两端各加1针，往返编织12行作为
前后身片差。
●用另线钩2条16针锁针链备用。袖子暂时休针备
用，按后身片、从另线锁针上挑针、前身片、从另
线锁针上挑针的顺序将针目连成环形编织88行。
●下摆编织8行双罗纹针，然后编织与前一行相同
的针目做伏针收针。
●左袖口分别从前后身片差的12行挑针、解开另线
锁针后挑针，再挑取袖子的休针，编织8行双罗纹
针。右袖口分别从前后身片差的12行挑针、挑取
袖子的休针，再解开另线锁针后挑针，编织8行双
罗纹针。

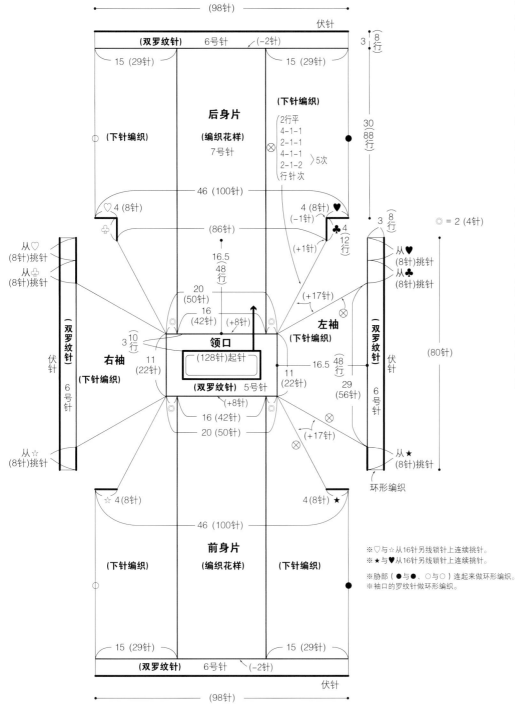

※♡与☆从16针另线锁针上连续挑针。
※★与♥从16针另线锁针上连续挑针。
※胁部（●与●、○与○）连起来做环形编织。
※袖口的罗纹针做环形编织。

卷针加针
（3针的情况）
（右侧）

1
如图所示，将棒针插入挂
在食指上的线中，然后退
出手指。

2
卷针加针（3针的情况）完成。

（左侧）

1
如图所示，将棒针插入挂
在食指上的线中，然后退
出手指。

2
卷针加针（3针的情况）完成。

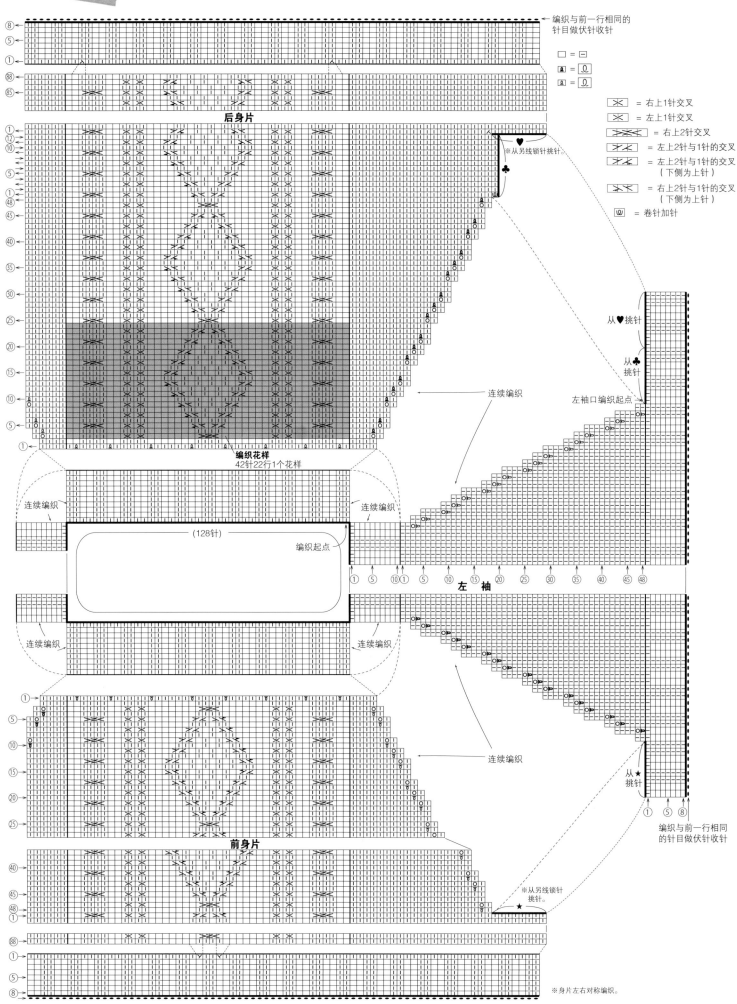

编织与前一行相同的
针目做伏针收针

□ = □

🄰 = Ɋ

🄰 = Ɋ

⧓ = 右上1针交叉

⧓ = 左上1针交叉

⧓ = 右上2针交叉

⧓ = 左上2针与1针的交叉

⧓ = 左上2针与1针的交叉
（下侧为上针）

⧓ = 右上2针与1针的交叉
（下侧为上针）

Ɋ = 卷针加针

后身片

※从另线锁针挑针。

♥

♣

从♥挑针

从♣挑针

左袖口编织起点

连续编织

连续编织

连续编织

连续编织

连续编织

编织花样
42针22行1个花样

（128针）

编织起点

左袖

连续编织

从★挑针

编织与前一行相同
的针目做伏针收针

前身片

※从另线锁针
挑针。 ★

※身片左右对称编织。

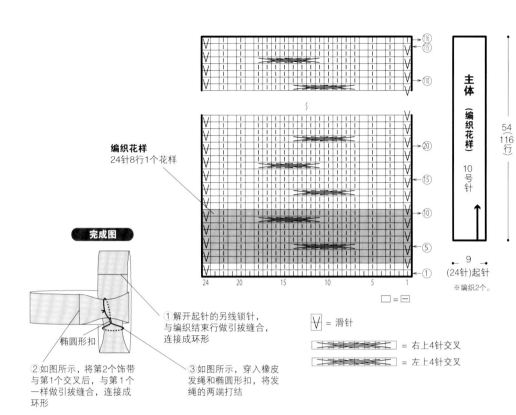

编织花样
24针8行1个花样

完成图

①解开起针的另线锁针，与编织结束行做引拔缝合，连接成环形

椭圆形扣

②如图所示，将第2个饰带与第1个交叉后，与第1个一样做引拔缝合，连接成环形

③如图所示，穿入橡皮发绳和椭圆形扣，将发绳的两端打结

主体（编织花样）10号针

54（116行）

9（24针）起针
※编织2个。

▭ = ▭

Ⅴ = 滑针

= 右上4针交叉

= 左上4针交叉

p.8
麻花针扭花发带

材料与工具
后正产业Jewel黑色（07）45g
棒针10号，钩针10/0号
橡皮发绳约20cm，椭圆形扣1个

成品尺寸
头围54cm，宽9cm

密度
编织花样24针9cm、21.5行10cm

编织要点
●另线锁针起针，挑 24 针，按编织花样编织。编织结束时，解开起针的锁针，与编织结束行做引拔缝合，连接成环形。
●编织第 2 个，如图所示，与第 1 个交叉后连接成环形。
●穿入橡皮发绳和椭圆形扣后打结。

（2针）休针

主体（编织花样）6号针

1行平
1-1-124
行 针 次
（-124针）

（C）（A）（C）（B）（A）（C）（B）（A）（C）（A）
（27针）（B）☆（27针）（26针）☆（27针）（26针）☆（27针）（26针）☆（28针）

（起伏针）

96（250针）起针

40（125行）

1：（4行）

☆ = （9针）

参照图解（从2针里挑取5针）

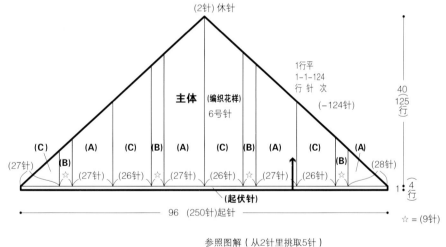

（125针）挑针　　　（125针）挑针

缝上纽扣

（3针）挑针　　　　　　　　　　　　（3针）挑针

0.5（1行）　（短针）5/0号针

6　　　（216针）挑针　　　6

纽襻
锁针（11针）

p.5
三角形披肩

材料与工具
后正产业Arles（中粗）象牙白色（01）125g
棒针6号，钩针5/0号
直径2cm的木制纽扣1颗

成品尺寸
宽97cm，长42cm

密度
10cm×10cm面积内：编织花样A～C 26针、31行

编织要点
●手指挂线起针，编织 4 行起伏针。
●参照图解，按编织花样编织。两端编织起伏针，如图所示进行减针。
●换成钩针，在周围钩 1 圈短针。顶端如图所示钩织，每行挑取 1 针，并从起针行挑取指定针数钩织。
●钩织纽襻，缝上纽扣。

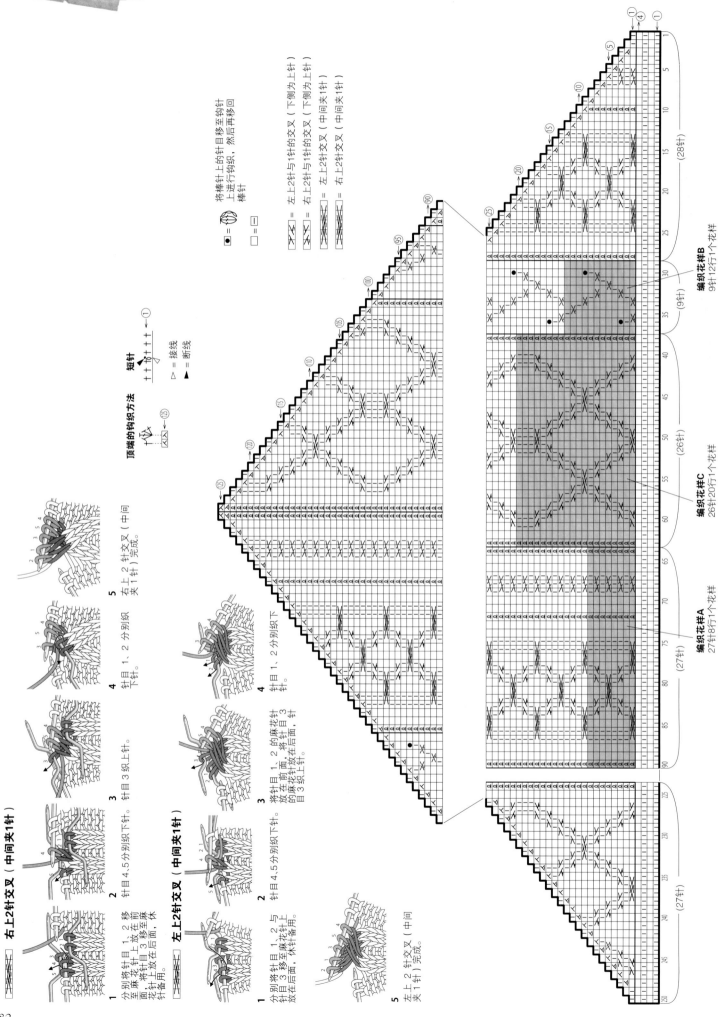

p.6
3色围脖

材料与工具
后正产业PURA LANA BARUFFA DK（中粗）原白色（332）70g、红色（335）80g，Alternate wool 红色系段染（05）60g
棒针9号

成品尺寸
宽24cm，长140cm

密度
10cm×10cm面积内：编织花样A 22.5针、28行，编织花样B 21.5针、30行，起伏针17.5针、33行

编织要点
●手指挂线起针，用原白色线编织126行编织花样A。
●用段染线编织148行起伏针，在第1行减12针。
●用红色线编织150行编织花样B，在第1行加10针。
●将编织起点和编织终点正面朝内对齐后做盖针接合，连接成环形。

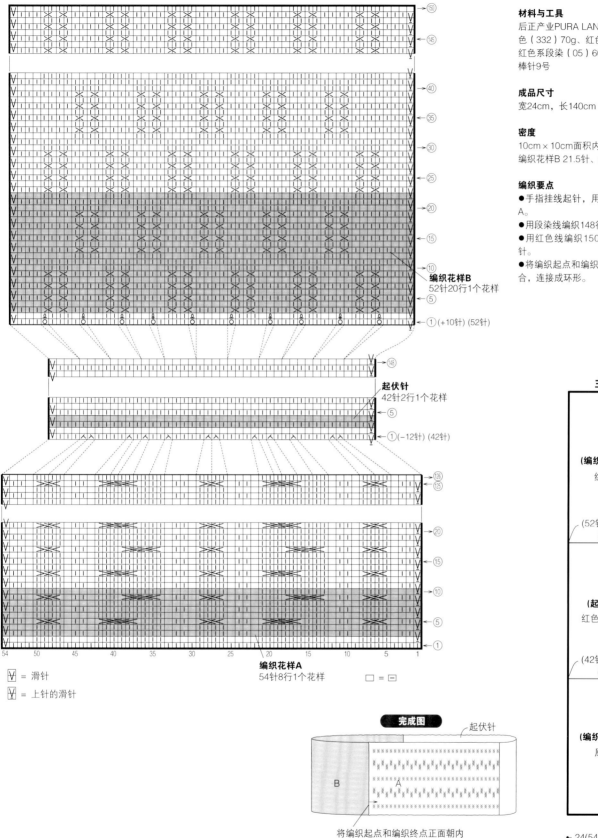

编织花样B
52针20行1个花样

起伏针
42针2行1个花样

⌷ = 滑针
⌷ = 上针的滑针

编织花样A
54针8行1个花样

□ = ⊟

主体

（编织花样B）
红色
50（150行）

（52针）挑针
（+10针）

（起伏针）
红色系段染
45（148行）

（42针）挑针
（−12针）

（编织花样A）
原白色
45（126行）

24(54针)起针

完成图

起伏针

B   A

将编织起点和编织终点正面朝内对齐后做盖针接合

83

p.10
披肩式短上衣

材料与工具
后正产业Loiseau Bleu姜黄色（05）395g
棒针9号

成品尺寸
衣长63cm，连肩袖长50.5cm

密度
10cm×10cm面积内：下针编织19.5针、26行，
编织花样21.5针、27.5行

编织要点
●用手指挂线起针法起198针，编织8行双罗纹针。
●两端分别编织4针起伏针，其余做下针编织。
●参照图解加针后编织起伏针和编织花样。
●减针后编织双罗纹针，最后编织与前一行相同的
针目做伏针收针。
●将相合记号对齐做挑针缝合。

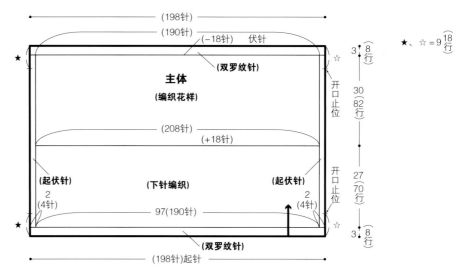

★、☆ = 9 (18行)

= 左上3针交叉（下侧为上针）

= 右上3针交叉（下侧为上针）

= 右加针

编织与前一行相同
的针目做伏针收针

完成图

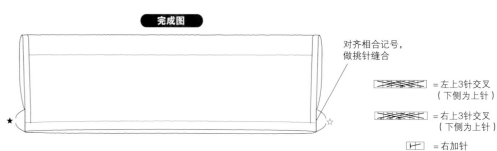

对齐相合记号，
做挑针缝合

编织花样
48针16行1个花样

下针编织

起伏针
4针2行1个花样

双罗纹针
4针2行1个花样

□ = 曰

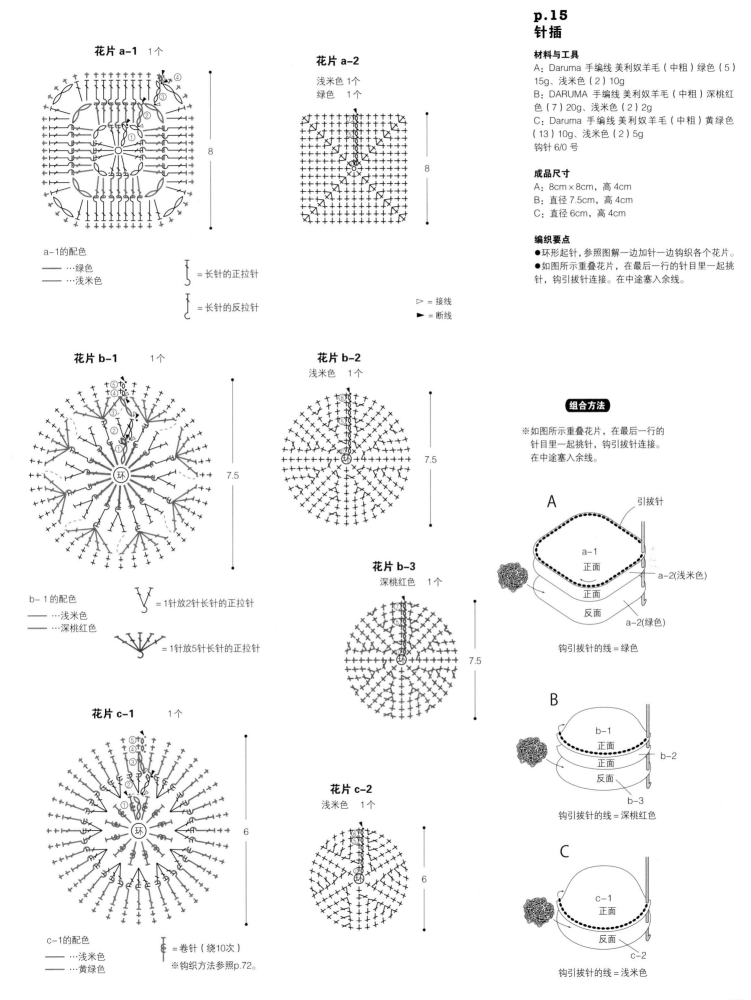

花片 a-1　1个

花片 a-2

浅米色 1个
绿色　 1个

8

8

a-1的配色

—— …绿色
—— …浅米色

= 长针的正拉针

= 长针的反拉针

▷ = 接线
► = 断线

p.15
针插

材料与工具

A：Daruma 手编线 美利奴羊毛（中粗）绿色（5）15g、浅米色（2）10g
B：DARUMA 手编线 美利奴羊毛（中粗）深桃红色（7）20g、浅米色（2）2g
C：Daruma 手编线 美利奴羊毛（中粗）黄绿色（13）10g、浅米色（2）5g
钩针 6/0 号

成品尺寸

A：8cm×8cm，高 4cm
B：直径 7.5cm，高 4cm
C：直径 6cm，高 4cm

编织要点

●环形起针，参照图解一边加针一边钩织各个花片。
●如图所示重叠花片，在最后一行的针目里一起挑针，钩引拔针连接。在中途塞入余线。

花片 b-1　　1个

花片 b-2

浅米色　1个

7.5

7.5

b-1 的配色

—— …浅米色
—— …深桃红色

= 1针放2针长针的正拉针

= 1针放5针长针的正拉针

花片 b-3

深桃红色　1个

7.5

组合方法

※如图所示重叠花片，在最后一行的针目里一起挑针，钩引拔针连接。在中途塞入余线。

A

引拔针

a-1
正面

a-2(浅米色)

正面

反面

a-2(绿色)

钩引拔针的线=绿色

花片 c-1　　1个

花片 c-2

浅米色　1个

6

6

c-1的配色

—— …浅米色
—— …黄绿色

= 卷针（绕10次）

※钩织方法参照p.72。

B

b-1
正面

b-2

正面

反面

b-3

钩引拔针的线=深桃红色

C

c-1
正面

反面

c-2

钩引拔针的线=浅米色

85

p.15
剪刀挂件及
吸针器

材料与工具
吸针器：Daruma 手编线 美利奴羊毛（中粗）粉红色系段染（6）4g，直径2cm的磁铁1个
剪刀挂件：Daruma 手编线 美利奴羊毛（中粗）淡蓝色（8）5g，蓝色（14）少量
钩针5/0号

成品尺寸
参照图示

编织要点
吸针器：
●环形起针，钩织 2 个花片。
●将 2 个花片正面朝外重叠，钩织边缘。在中途塞入磁铁后将其包在里面钩织。继续钩织细绳。
剪刀挂件：
●环形起针，用淡蓝色线钩织 2 个花片。
●将 2 个花片正面朝外重叠，用蓝色线钩织边缘。
●用淡蓝色线和蓝色线各 1 股（50cm）制作挂绳。
●钩织流苏上部，制作流苏。将挂绳和流苏缝在花片上。

▷ = 接线
► = 断线

挂绳的制作方法
①分别捻搓两种颜色的线。
②捻好后，将2股线合在一起，朝着步骤①相反的方向捻在一起。

吸针器
粉红色系段染

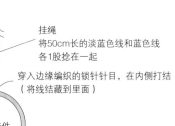

※将2个花片正面朝外重叠后钩织边缘（在卷针的针目与针目之间挑针）。
※在中途塞入磁铁。

花片
吸针器：粉红色系段染　2 个
剪刀挂件：淡蓝色　2 个

Ç = 卷针（绕10次）
※钩织方法参照p.72。

剪刀挂件
边缘编织

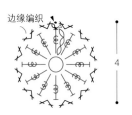

※将2个花片正面朝外重叠后钩织边缘（在卷针的针目与针目之间挑针）。

流苏上部

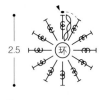

配色
——…淡蓝色
——…蓝色

组合方法
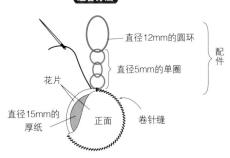

挂绳
将50cm长的淡蓝色线和蓝色线各1股捻在一起

穿入边缘编织的锁针针目，在内侧打结（将线结藏到里面）

剪刀挂件

缝好

流苏上部

用蓝色线扎紧淡蓝色线束，将其拉进流苏上部

25根14cm长的淡蓝色线

p.15
针数记号圈

材料与工具
Daruma 手编线 蕾丝线 #20 淡蓝色（7）、蓝色（8）、藏青色（9）、红色（10）、黄色（12）各少量
直径 12mm 的圆环 5 个，直径 5mm 的单圈 15 个，直径 15mm 的厚纸 5 张
蕾丝钩针 0 号

成品尺寸
花片的直径 2.5cm（不含配件）

编织要点
●环形起针，各种颜色线分别钩织 2 个花片。
●做卷针缝，将直径 15mm 的厚纸夹在 2 个花片中间。
●参照组合方法装上配件。

花片
淡蓝色、蓝色、藏青色、红色、黄色　各2个

Ç = 卷针（绕8次）
※钩织方法参照p.72。

组合方法
直径12mm的圆环
直径5mm的单圈　　配件
花片
直径15mm的厚纸
正面
卷针缝

※连接圆环和单圈，制作配件。
将花片正面朝外进行卷针缝。
在中途放入厚纸，一边做卷针缝一边将配件也缝在一起。

毯子（连接花片）

※花片内的数字表示连接的顺序。

103

63

▷ = 接线
► = 断线

p.17
毯子

材料与工具
Hamanaka Fair Lady 50 米色（52）130g、黄绿色（56）80g、紫色（87）70g、黄色（95）70g、粉红色（82）60g
钩针 5/0 号

成品尺寸
宽 63cm，长 103cm

密度
花片大小 10.5cm×12cm

编织要点
●环形起针，一边换线一边钩织花片。
●从第 2 个花片开始，在第 4 行一边与前面的花片连接一边继续钩织。

花片

12

10.5

$\bigcirc$ = 2针中长针的枣形针

配色、片数表

	第1、2行	第3行	第4行	片数
A		粉红色		17
B	黄绿色	黄色	米色	20
C		紫色		20

花片的连接方法

p.16
螺旋花样收纳包

材料与工具
Hamanaka Aran Tweed 玫瑰红色（14）35g、深红色（6）25g、粉红色（5）15g，直径38mm的包扣胚1个
钩针8/0号

成品尺寸
宽23cm，深约12cm

密度
编织花样15针10cm，1个花样4行4cm

编织要点
●主体环形起针，参照图解钩织16行。
●对齐相合记号，每隔1针挑半针做卷针缝。
●纽扣环形起针，参照图解钩织6行。钩织结束时预留长一点的线头。包住包扣胚，在最后一行的针目里穿入线头后拉紧。缝在主体上。
●钩织细绳，缝在主体上。

► = 断线

（16行）

主体
（条纹编织花样）

32（49针）

32（49针）

细绳 粉红色

65（100针）起针

※正面朝外，对齐相合记号，每隔1针挑半针做卷针缝。

主体

4行1个花样

主体配色表

行数	颜色
第16行	粉红色
第15行	玫瑰红色
第14行	深红色
第13行	玫瑰红色
第12行	粉红色
第11行	深红色
第10行	玫瑰红色
第9行	深红色
第8行	粉红色
第7行	玫瑰红色
第6行	深红色
第5行	玫瑰红色
第4行	粉红色
第3行	深红色
第2行	玫瑰红色
第1行	深红色

完成图

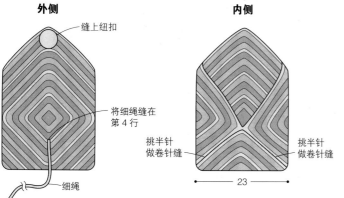

外侧

缝上纽扣

将细绳缝在第4行

细绳

内侧

挑半针做卷针缝

挑半针做卷针缝

23

纽扣 粉红色

环

※包住包扣胚，在最后一行的针目里穿入线头后拉紧。

纽扣针数表

行数	针数	
第6行	9针	
第5行	9针	（−9针）
第4行	18针	
第3行	18针	（+6针）
第2行	12针	（+6针）
第1行	6针	

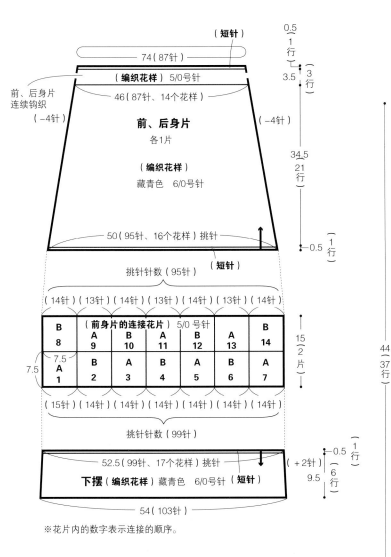

（短针）

74（87针）

（编织花样）5/0号针

46（87针、14个花样）

前、后身片
连续钩织
（−4针）

前、后身片
各1片

（编织花样）
藏青色 6/0号针

（−4针）

0.5
1行
3.5

3行

34.5
21行

50（95针、16个花样）挑针

0.5
1行

（短针）

挑针针数（95针）

（14针）	（13针）	（14针）	（13针）	（14针）	（13针）	（14针）
B 8	A 9	B 10	A 11	B 12	A 13	B 14
A 1	B 2	A 3	B 4	A 5	B 6	A 7

7.5
7.5

（前身片的连接花片）5/0号针

15（2片）

（15针）	（14针）	（14针）	（14针）	（14针）	（14针）

挑针针数（99针）

52.5（99针、17个花样）挑针

下摆（编织花样）藏青色 6/0号针 **短针**

54（103针）

0.5 1行
9.5 6行
（+2针）

※花片内的数字表示连接的顺序。

后身片的连接花片

A 8	B 9	A 10	B 11	A 12	B 13	A 14
B 1	A 2	B 3	A 4	B 5	A 6	B 7

※挑针方法与前身片相同。

肩带 2条
灰色 5/0号针

⑦
㉟
㉚
㉕
⑳
⑮
⑩
⑤
④ 2行
③ 1个
② 花样
①

44
37行

4
（9针）起针

2行1个花样

● = 作为长裙的扣眼使用

p.19
两用长裙

材料与工具
Hamanaka Fair Lady 50 藏青色（27）360g，灰色（49）35g，浅米色（46）、红色（22）各25g，直径1.8cm的纽扣4颗
钩针5/0号、6/0号、8/0号

成品尺寸
上围74cm，长64cm（不含肩带）

密度
10cm×10cm面积内：编织花样 19针、6行（6/0号钩针）

编织要点
●环形起针，一边配色一边钩织前、后身片的连接花片。
●从连接花片挑针，用往返编织的方法分别钩织前、后身片和下摆。
●从下摆到身片挑针缝合胁部。然后换针，用环形编织的方法钩织4行。
●钩织2条肩带。
●钩织细绳、细绳的小饰球。在穿绳位置穿入细绳后，缝上小饰球。
●在前、后身片缝上纽扣。

完成图 **长裙**

※如图所示，将肩带扣在纽扣上。

完成图 **罩裙**

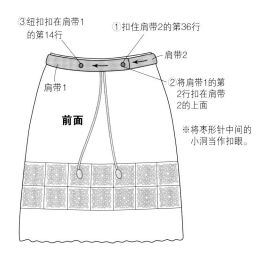

③纽扣扣在肩带1的第14行

①扣住肩带2的第36行

肩带2

②将肩带1的第2行扣在肩带2的上面

肩带1

前面

※将枣形针中间的小洞当作扣眼。

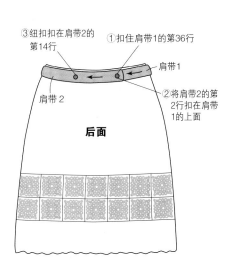

③纽扣扣在肩带2的第14行

①扣住肩带1的第36行

肩带1

②将肩带2的第2行扣在肩带1的上面

肩带2

后面

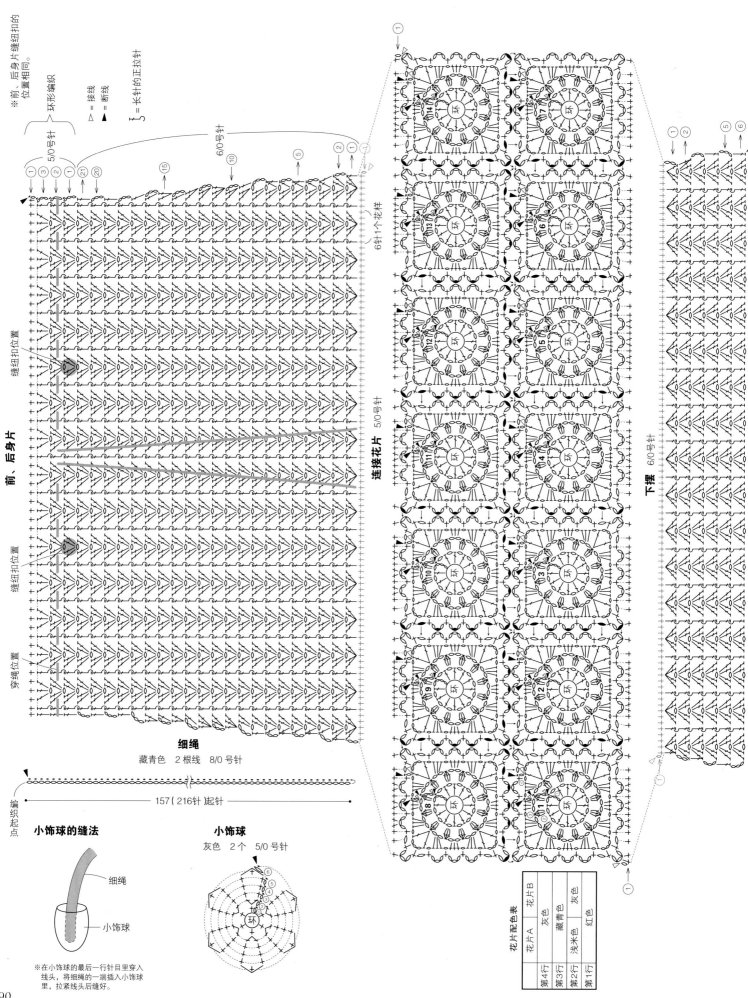

前、后身片

连接花片 5/0号针

下摆 6/0号针

细绳
藏青色 2根线 8/0号针

157（216针）起针

小饰球的缝法

小饰球
灰色 2个 5/0号针

※在小饰球的最后一行针目里穿入
线头，将细绳的一端插入小饰球
里，拉紧线头后缝好。

缝纽扣位置

穿绳位置

△ = 接线
▲ = 断线
ʃ = 长长的正拉针

花片配色表	花片A	花片B
第4行	灰色	灰色
第3行	藏青色	
第2行	浅米色	灰色
第1行		红色

花片连接排列图、边缘编织

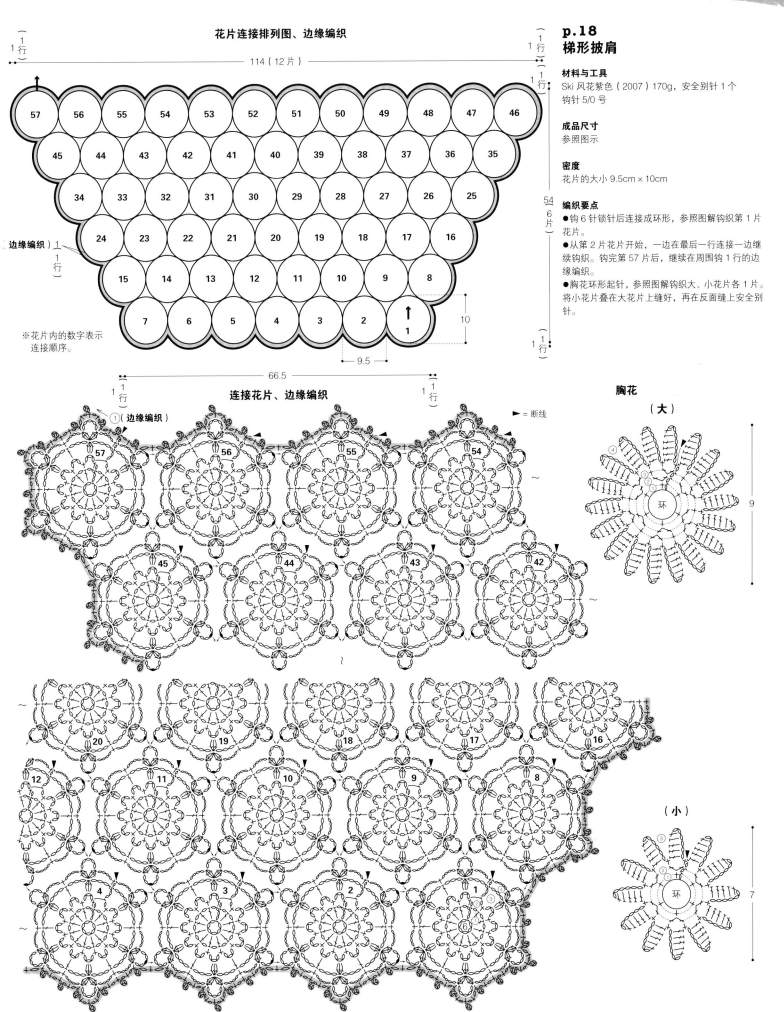

114（12片）

| 57 | 56 | 55 | 54 | 53 | 52 | 51 | 50 | 49 | 48 | 47 | 46 |

| 45 | 44 | 43 | 42 | 41 | 40 | 39 | 38 | 37 | 36 | 35 |

| 34 | 33 | 32 | 31 | 30 | 29 | 28 | 27 | 26 | 25 |

边缘编织）1行

| 24 | 23 | 22 | 21 | 20 | 19 | 18 | 17 | 16 |

| 15 | 14 | 13 | 12 | 11 | 10 | 9 | 8 |

※花片内的数字表示连接顺序。

| 7 | 6 | 5 | 4 | 3 | 2 | 1 |

54（6片）

10

9.5

连接花片、边缘编织

66.5

① 边缘编织

► = 断线

| 57 | 56 | 55 | 54 |

| 45 | 44 | 43 | 42 |

| 20 | 19 | 18 | 17 | 16 |

| 12 | 11 | 10 | 9 | 8 |

| 4 | 3 | 2 | 1 |

p.18
梯形披肩

材料与工具
Ski 风花紫色（2007）170g，安全别针 1 个
钩针 5/0 号

成品尺寸
参照图示

密度
花片的大小 9.5cm×10cm

编织要点
●钩 6 针锁针后连接成环形，参照图解钩织第 1 片花片。
●从第 2 片花片开始，一边在最后一行连接一边继续钩织。钩完第 57 片后，继续在周围钩 1 行的边缘编织。
●胸花环形起针，参照图解钩织大、小花片各 1 片。将小花片叠在大花片上缝好，再在反面缝上安全别针。

胸花

（大）

环

9

（小）

环

7

91

p.16
花片连接手拿包

材料与工具

Puppy BRITISH EROIKA紫色（103）45g，烟灰色（173）、米色（182）、蓝色（190）、绿色（197）各40g，深灰色（120）35g，宽1.5cm×长27cm的弹片口金1个
钩针8/0号

成品尺寸

长39cm，深22cm（含口金部分）

密度

短针10cm内15针，5cm内10行
花片的大小6.5cm×6.5cm

编织要点

●环形起针，一边配色一边钩织花片，每种花片各钩3片。
●参照图解，挑半针做卷针缝连接花片。
●钩织边缘，从每个花片上各挑11针，钩1圈短针。下一行减针，分成前、后片，一边减针一边钩9行。
●将包口的短针部分往内侧翻折后进行锁针缝。
●穿入弹片口金，插入插销，用钳子固定。

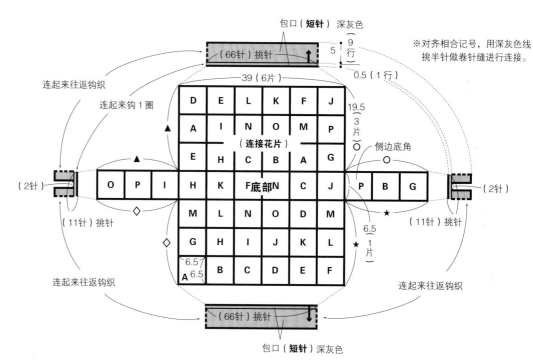

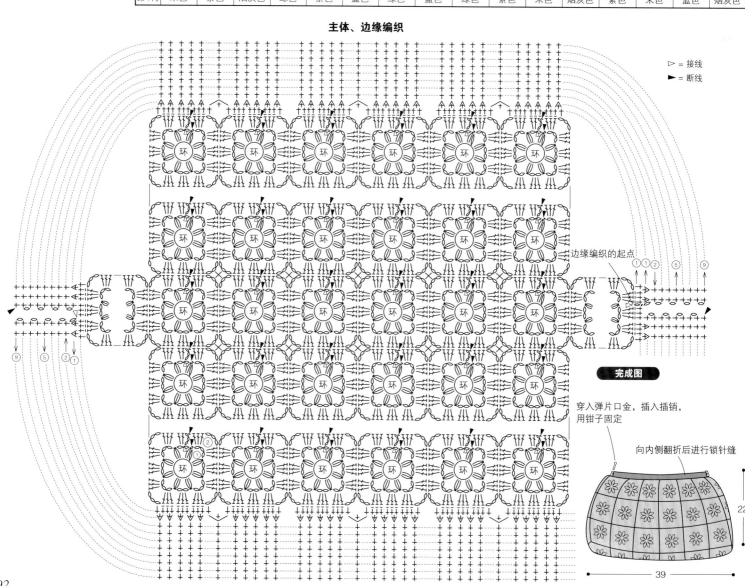

花片配色表 各3片

	A	B	C	D	E	F	G	H	I	J	K	L	M	N	O	P
第2行	蓝色	米色	绿色	紫色	烟灰色	米色	烟灰色	紫色	米色	蓝色	绿色	蓝色	绿色	紫色	烟灰色	紫色
第1行	米色	紫色	烟灰色	绿色	紫色	蓝色	绿色	蓝色	绿色	烟灰色	米色	烟灰色	紫色	米色	蓝色	烟灰色

主体、边缘编织

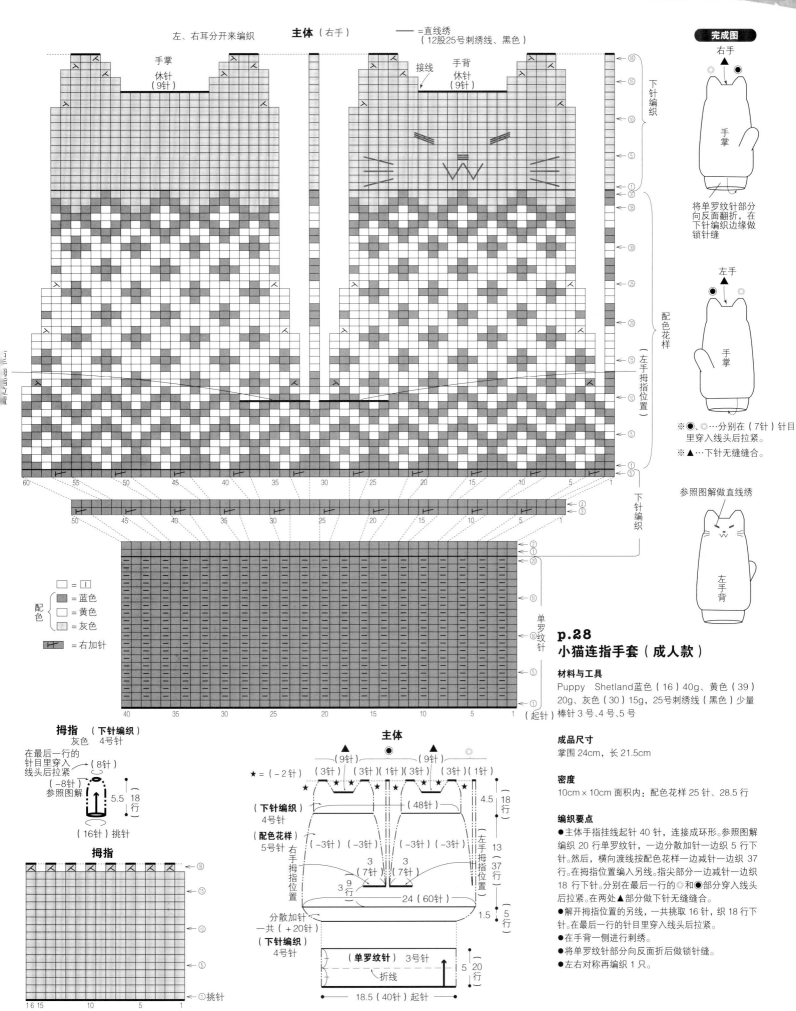

左、右耳分开来编织

主体（右手）

＝直线绣
（12股25号刺绣线、黑色）

手掌
休针
（9针）

接线

手背
休针
（9针）

下针编织

完成图

右手 ▲

手掌

将单罗纹针部分向反面翻折，在下针编织边缘做锁针缝

左手 ▲

手掌

※●、◎…分别在（7针）针目里穿入线头后拉紧。

※▲…下针无缝缝合。

参照图解做直线绣

左手背

配色花样

（左手拇指位置）

下针编织

配色
白＝☐
蓝色
黄色
灰色

＝右加针

单罗纹针

p.28
小猫连指手套（成人款）

材料与工具

Puppy Shetland蓝色（16）40g、黄色（39）20g、灰色（30）15g、25号刺绣线（黑色）少量
棒针3号、4号、5号

成品尺寸
掌围24cm，长21.5cm

密度
10cm×10cm 面积内：配色花样25针、28.5行

编织要点

●主体手指挂线起针40针，连接成环形。参照图解编织20行单罗纹针，一边分散加针一边织5行下针。然后，横向渡线按配色花样一边减针一边织37行。在拇指位置编入另线。指尖部分一边减针一边织18行下针。分别在最后一行的◎和●部分穿入线头后拉紧。在两处▲部分做下针无缝缝合。
●解开拇指位置的另线，一共挑取16针，织18行下针。在最后一行的针目里穿入线头后拉紧。
●在手背一侧进行刺绣。
●将单罗纹针部分向反面折后做锁针缝。
●左右对称再编织1只。

拇指（下针编织）
灰色 4号针

在最后一行的针目里穿入线头后拉紧
（8针）
（-8针）
参照图解
5.5（18行）
（16针）挑针

拇指

主体

★＝（-2针）
（9针）（3针）（3针）（1针）（3针）（3针）（1针）

（下针编织）
4号针
（48针）
4.5（18行）

（配色花样）
5号针
（-3针）（-3针）（-3针）（-3针）
右手拇指位置
左手拇指位置
13（37行）
3（7针）3（7针）
3（9针）
24（60针）
1.5（5行）

分散加针一共（+20针）

（下针编织）
4号针

（单罗纹针）3号针
折线
5（20行）

18.5（40针）起针

p.28
小猫连指手套（儿童款）

材料与工具

Puppy Shetland 深桃红色（55）25g,淡蓝色（9）、原白色（50）各15g，25 号刺绣线（茶色）少量
棒针3号、4号、5号

成品尺寸

掌围19cm，长18cm

密度

10cm×10cm 面积内：配色花样25 针、28.5 行

编织要点

●主体用手指挂线起针法起 32 针，连接成环形。参照图解编织 16 行单罗纹针，一边分散加针一边织 5 行下针。然后，横向渡线按配色花样一边减针一边织 31 行。在拇指位置编入另线。指尖部分一边减针一边织 13 行下针。分别在最后一行的◎和●部分穿入线头后拉紧。在两处▲部分做下针无缝缝合。

●解开拇指位置的另线，一共挑取 14 针，织 15 行下针。在最后一行的针目里穿入线头后拉紧。

●在手背一侧进行刺绣。

●将单罗纹针部分向反面翻折后进行锁针缝。

●左右对称再编织 1 只。

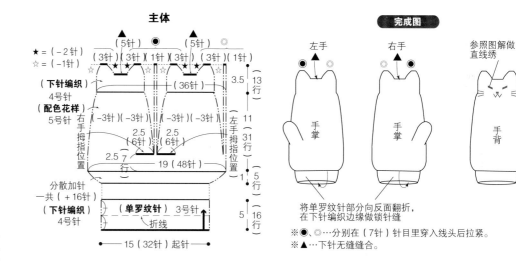

完成图

左手 右手 参照图解做直线绣

※●、◎…分别在（7针）针目里穿入线头后拉紧。
※▲…下针无缝缝合。

将单罗纹针部分向反面翻折，在下针编织边缘做锁针缝

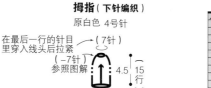

拇指（下针编织）

原白色 4号针

在最后一行的针目里穿入线头后拉紧（7针）
（-7针）
参照图解 4.5 (15 行)
（14针）挑针

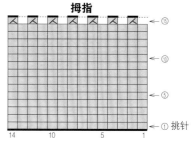

主体（右手）

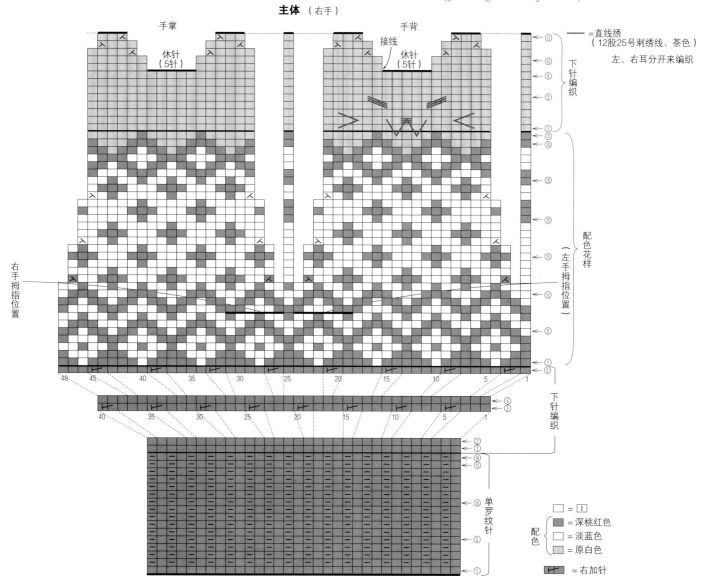

□ = □
配色
■ = 深桃红色
□ = 淡蓝色
▨ = 原白色
⊬ = 右加针

94

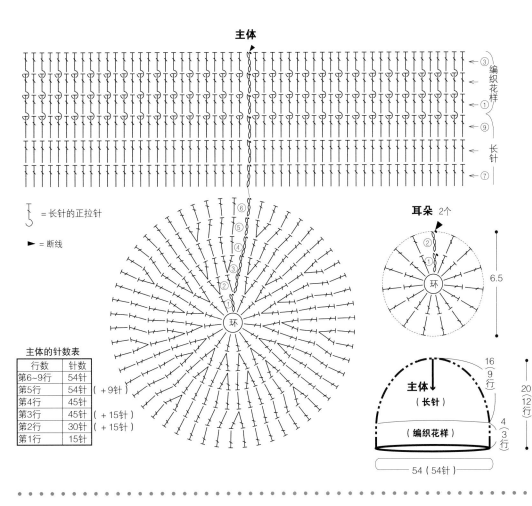

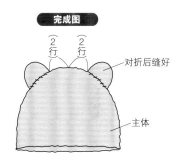

主体

③ ┐
│ 编织
花样
① ┘
⑨
长
针
⑦

耳朵 2个

环

6.5

主体
（长针）

16
（9行）

主体 ↓

（编织花样）

4
（3行）

20
（12行）

54（54针）

┴ = 长针的正拉针

► = 断线

主体的针数表

行数	针数	
第6~9行	54针	
第5行	54针	（+9针）
第4行	45针	
第3行	45针	（+15针）
第2行	30针	（+15针）
第1行	15针	

p.31
小熊帽子（成人款）

材料与工具
Hamanaka Sonomono-loop 灰色（52）90g
钩针 10/0 号

成品尺寸
头围 54cm，帽深 20cm

密度
10cm×10cm 面积内：长针 10 针、6 行

编织要点
●主体环形起针后开始编织。参照图解，按长针和编织花样钩织 12 行。
●耳朵环形起针后开始编织。钩 2 行长针。
●参照完成图，将耳朵缝在主体上。

完成图

②行　②行

对折后缝好

主体

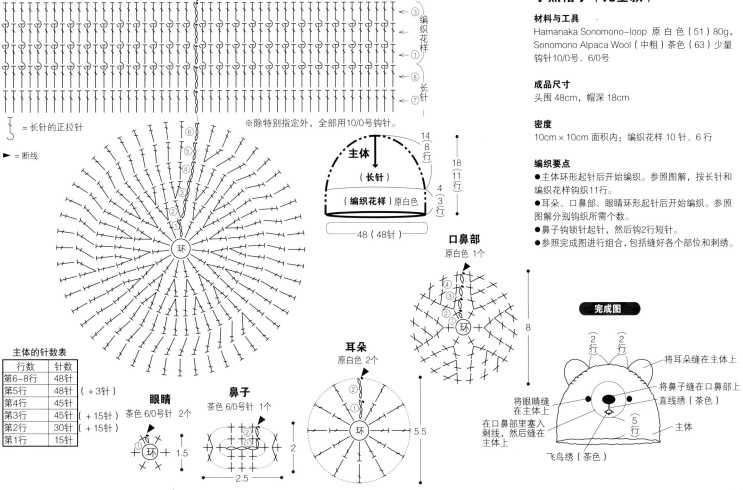

主体

③ ┐
│ 编织
花样
① ┘
⑧
长
针
⑦

※除特别指定外，全部用10/0号钩针。

┴ = 长针的正拉针

► = 断线

主体
（长针）

14
（8行）

（编织花样）原白色

4
（3行）

18
（11行）

48（48针）

耳朵
原白色 2个

环

5.5

口鼻部
原白色 1个

环

8

眼睛
茶色 6/0号钩针 2个

环
1.5

鼻子
茶色 6/0号针 1个

环

2

2.5

主体的针数表

行数	针数	
第6~8行	48针	
第5行	48针	（+3针）
第4行	45针	
第3行	45针	（+15针）
第2行	30针	（+15针）
第1行	15针	

p.31
小熊帽子（儿童款）

材料与工具
Hamanaka Sonomono-loop 原白色（51）80g，
Sonomono Alpaca Wool（中粗）茶色（63）少量
钩针10/0号、6/0号

成品尺寸
头围 48cm，帽深 18cm

密度
10cm×10cm 面积内：编织花样 10 针、6 行

编织要点
●主体环形起针后开始编织。参照图解，按长针和编织花样钩织11行。
●耳朵、口鼻部、眼睛环形起针后开始编织。参照图解分别钩织所需个数。
●鼻子钩织锁针起针，然后钩2行短针。
●参照完成图进行组合，包括缝好各个部位和刺绣。

完成图

②行　②行

将耳朵缝在主体上

将鼻子缝在口鼻部上
直线绣（茶色）

将眼睛缝
在主体上

在口鼻部里塞入
剩线，然后缝在
主体上

⑤行

主体

飞鸟绣（茶色）

95

p.30
小熊和小狮子收纳包

材料与工具

小狮子：Hamanaka Exceed Wool L（中粗）姜黄色（316）43g、茶色（333）7g，直径18mm的茶色纽扣1颗，12mm×8mm的木制纽扣2颗，茶色的不织布适量，15cm长的拉链1条
钩针5/0号

小熊：Hamanaka Exceed Wool L（中粗）深棕色（305）43g，直径18mm的浅茶色纽扣1颗，12mm×8mm的木制纽扣2颗，米色的不织布适量，15cm长的拉链1条
钩针5/0号

成品尺寸

宽 13cm，深 12cm（仅主体）

编织要点

● 主体钩5针锁针起针，参照图解一边加针一边钩14行短针。钩织2个相同的织片。
● 侧边钩90针锁针起针，连接成环形，参照图解钩3行。在钩第2行时留出缝拉链的位置。
● 耳朵环形起针，参照图解一边加针一边钩5行短针。
● 嘴巴根据纸型裁剪不织布。
● 参照完成图进行组合。

▷ = 接线
► = 断线

编织方法、组合顺序

※小狮子与小熊相同。

① 参照图解，分别钩织所需个数的各部位织片。小狮子在主体1、2上钩鬃毛。
② 在主体1上缝眼睛、嘴巴和鼻子。
③ 在侧边的缝拉链位置用半回针缝的方法缝上拉链。
④ 将耳朵夹在主体1和侧边之间，叠在一起钩引拔针进行连接。再重叠主体2和侧边钩引拔针进行连接。

完成图

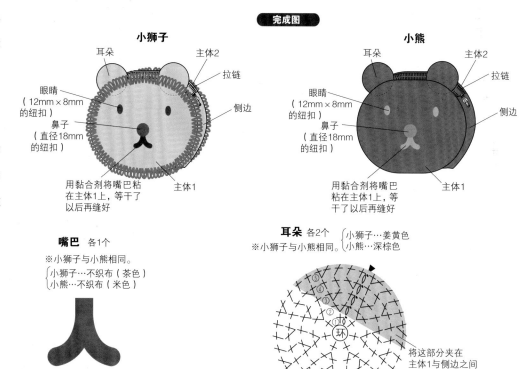

小狮子

耳朵　主体2　拉链

眼睛（12mm×8mm的纽扣）

鼻子（直径18mm的纽扣）

用黏合剂将嘴巴粘在主体1上，等干了以后再缝好

侧边　主体1

小熊

耳朵　主体2　拉链

眼睛（12mm×8mm的纽扣）

鼻子（直径18mm的纽扣）

用黏合剂将嘴巴粘在主体1上，等干了以后再缝好

侧边　主体1

嘴巴　各1个

※小狮子与小熊相同。

{ 小狮子…不织布（茶色）
小熊…不织布（米色）

实物大纸型

耳朵　各2个

※小狮子与小熊相同。{ 小狮子…姜黄色
小熊…深棕色

将这部分夹在主体1与侧边之间

侧边　各1个

※小狮子与小熊相同。　小狮子…姜黄色　小熊…深棕色

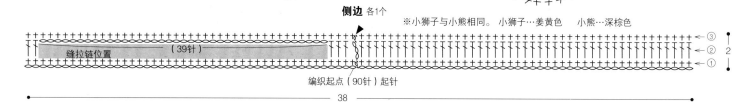

缝拉链位置　（39针）

编织起点（90针）起针

2

38

主体　各2个

※小狮子与小熊相同。{ 小狮子…姜黄色
小熊…深棕色

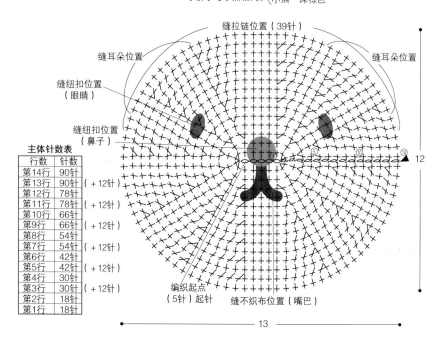

缝拉链位置（39针）

缝耳朵位置

缝纽扣位置（眼睛）

缝纽扣位置（鼻子）

编织起点（5针）起针

缝不织布位置（嘴巴）

12

13

主体针数表

行数	针数	
第14行	90针	
第13行	90针	
第12行	78针	（+12针）
第11行	78针	
第10行	66针	（+12针）
第9行	66针	
第8行	54针	（+12针）
第7行	54针	
第6行	42针	（+12针）
第5行	42针	
第4行	30针	（+12针）
第3行	30针	（+12针）
第2行	18针	
第1行	18针	

小狮子的鬃毛　茶色

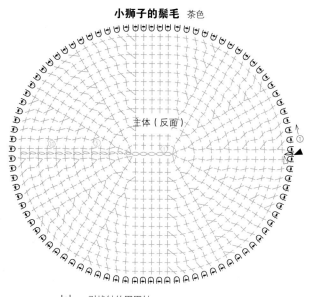

主体（反面）

= 引拔针的圈圈针
看着主体的反面，在第13行短针的头部里插入钩针钩织。线环会出现在织物的正面。

脸部
黑色 5/0号针 1个

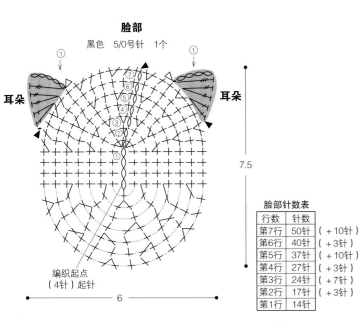

耳朵　　　耳朵

编织起点
（4针）起针

6

腿部
黑色 5/0号针 4个

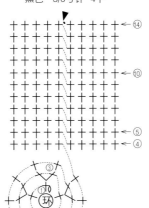

7.5

脸部针数表

行数	针数	
第7行	50针	（+10针）
第6行	40针	（+3针）
第5行	37针	（+10针）
第4行	27针	（+3针）
第3行	24针	（+7针）
第2行	17针	（+3针）
第1行	14针	

p.30
小羊手提包

材料与工具
Daruma 手编线 幼羊驼绒圈圈线原白色（1）30g，
美利奴羊毛线（中粗）黑色（12）20g
白布 50cm×21cm
钩针 7mm、5/0 号

成品尺寸
宽 26cm，深 16cm

密度
10cm×10cm 面积内：短针 10 针、10 行（主体）

编织要点
●主体钩52针锁针起针，连接成环状，钩16行短针。
●提手钩60针锁针起针，钩2圈。然后在起针的锁针针目里钩引拔针。
●脸部钩4针锁针起针，参照图解钩7行短针。左、右耳朵分别在脸部接线钩织。
●腿部环形起针，钩14行短针。
●参照里袋的缝制方法，制作里袋。
●参照完成图进行组合。

提手
黑色 5/0号针 2个

在起针的锁针针目里钩引拔针

▷ = 接线
► = 断线

编织起点
（60针）起针

26

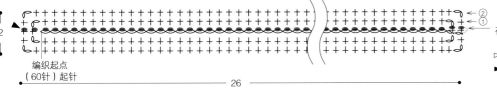

主体

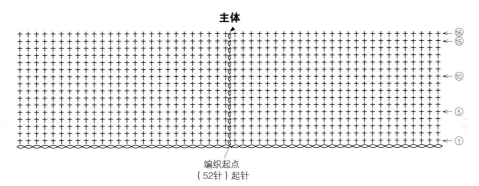

编织起点
（52针）起针

主体
（短针）
原白色　7mm针

52（52针）起针

16
（16行）

里袋的缝制方法

①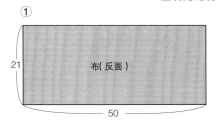
21
布（反面）
50

② 向反面折，用熨斗熨平
15.5
（反面）
5.5

③ 3
2.5　折叠，用熨斗熨平
（反面）

④ 缝侧边　（正面）
（反面）
1

⑤ 缝底部
分开缝份　1.5
------ = 折线

⑥ 重新折好
（反面）

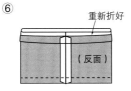

⑦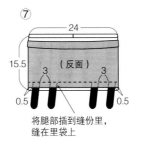
24
15.5
（反面）
3　　3
0.5　　0.5
将腿部插到缝份里，
缝在里袋上

⑧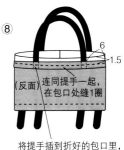
6
-1.5
（反面）
连同提手一起，
在包口处缝1圈
将提手插到折好的包口里，
缝在里袋上

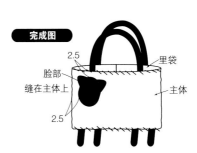

完成图
2.5
脸部
缝在主体上
2.5
里袋
主体

在缝制好的里袋外面套上主体，
在上下两边进行锁针缝

97

p.29
小狐狸围巾

材料与工具
Puppy Alce驼色（206）85g、原白色（207）25g
棒针 12 号

成品尺寸
长 105cm

密度
10cm×10cm 面积内：下针编织 12 针、17 行

编织要点
●主体用手指挂线起针法起12针，连接成环状。参照图解，一边做分散加减针一边织29行下针编织。然后无须加减针直编131行下针编织，参照图解在中途横向渡线做配色编织。接着一边分散减针一边继续编织19行下针。分别在编织起点和最后一行的针目里穿入线头后拉紧。
●耳朵用手指挂线起针法起10针，参照图解织8行下针编织。编织结束时穿入线头后拉紧，对折后做卷针缝。
●足部用手指挂线起针法起 4 针，参照图解织 8 行下针编织。在最后一行里穿入线头后拉紧。参照图示，对折后做卷针缝。
●参照完成图，在主体上缝足部和耳朵，并绣上眼睛和鼻子。

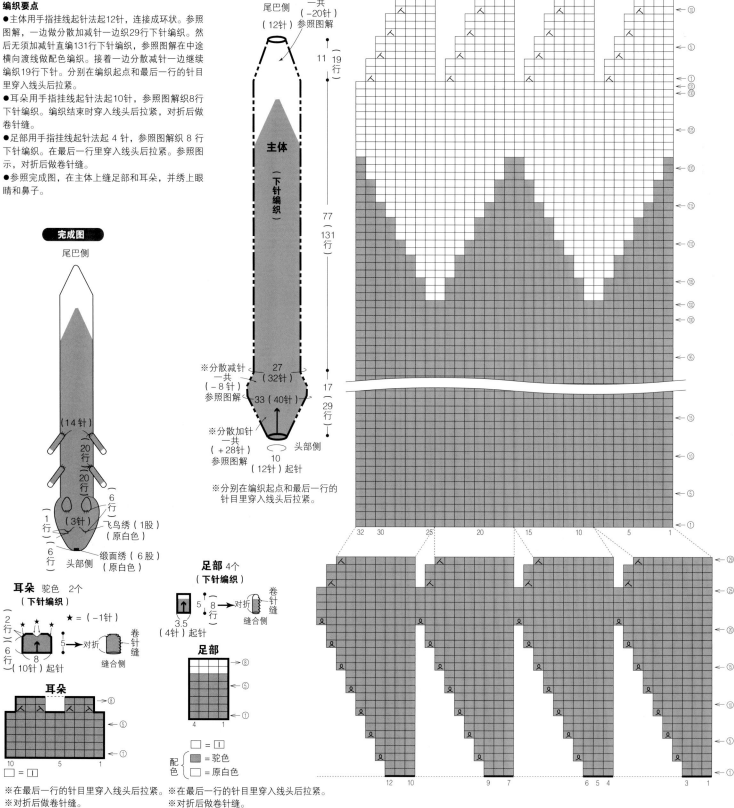

完成图
尾巴侧

（14针）
20行
20行
6行
1行（3针）
飞鸟绣（1股）（原白色）
6行 头部侧
缎面绣（6股）（原白色）

耳朵 驼色 2个
（下针编织）
2行
6行
★=（-1针）
（10针）起针
5 → 对折
缝合侧 卷针缝

耳朵
8
5
1
10　5　1
□=□

足部 4个
（下针编织）
5 8行 对折 卷针缝 缝合侧
3.5（4针）起针

足部
8
5
1
4　1

配色
□=□
■=驼色
□=原白色

※在最后一行的针目里穿入线头后拉紧。※在最后一行的针目里穿入线头后拉紧。
※对折后做卷针缝。　　　　　　　　　　※对折后做卷针缝。

主体

尾巴侧（12针）
分散减针一共（-20针）参照图解
11（19行）

主体
（下针编织）
77（131行）

※分散减针一共（-8针）参照图解
27（32针）
33（40针）
17（29行）
※分散加针一共（+28针）参照图解
10（12针）起针
头部侧
※分别在编织起点和最后一行的针目里穿入线头后拉紧。

编织花样

← ⑰
← ⑮
← ⑩

← 6针24行1个花样

← ㉚
← ㉕
← ⑳
← ⑮
← ⑩
← ⑤
← ①

20　15　10　5　1

单罗纹针

← ⑫
← ⑩
← ⑤
← ①

20　15　10　5　1

主体　2只

袜头（下针编织）
（10针）　（10针）
休针　休针
（-10针）　（-10针）　（-10针）
在第1行
（-12针）

3
13
行

（编织花样）

36
116
行

18（72针）
（单罗纹针）
袜口
（72针）起针

3
12
行

袜头的编织方法

下针无缝缝合

← ⑬
← ⑩
← ⑤
← ②
← ①
← ⑭

72　70　65　60　55　50　45　40　35　30　25　20　15　10　5　1

p.23
螺旋花样的袜子

材料与工具
Hobbyra Hobbyre Goomy 50 灰色、紫色系段染
（29615）85g
棒针4号（5根一组）

成品尺寸
长 42cm

密度
10cm×10cm面积内：编织花样40针、32行

编织要点
●用手指挂线起针法起72针，连接成环形，编织12行单罗纹针。然后按编织花样织116行。
●袜头部分一边减针一边织13行下针。最后一行对齐后做下针无缝缝合。编织2只相同的袜子。

---

p.22
阿兰花样的袜子

材料与工具
Hamanaka Sonomono Suri Alpaca 象牙白色(81)115g
钩针4/0 号

成品尺寸
袜底长 22cm，袜筒长 10.5cm

密度
10cm×10cm面积内：编织花样 B 41 针、24 行

编织要点
●从袜头开始钩织。钩9针锁针起针，在第5针锁针里接线，按编织花样 A 一边加针一边环形钩织 7 行，每隔 1 行改变一次钩织方向。然后按编织花样 A 和编织花样 B 一边加针一边继续钩 36 行。
●袜跟参照图解钩 22 行短针，接着按编织花样 B 钩 17 行，再钩 1 行的边缘编织。
●钩织 2 只相同的袜子。

主体
※参照图解（p.101）。

（边缘编织）
（29针）
53
22行
19
（39个花样）
（编织花样A）
（编织花样B）
（78针）
6个花样）
袜口
袜头
（9针）
起针
（编织花样A）
0.5
17
行
1
行
4
7
行
15
（27针）36
行
6
22
行
（51针）
短针
袜跟

---

p.22
3色编织的袜子

材料与工具
Hamanaka Korpokkur 灰色（3）70g、绿色（12）
25g、黄色（5）10g
钩针4/0 号

成品尺寸
袜底长 22.5cm，袜筒长 13cm

密度
10cm×10cm面积内：条纹编织花样 28 针、24 行

编织要点
●从袜头开始钩织。钩9针锁针起针，在第5针锁针里接线，按编织花样一边加针一边环形钩织 7 行，每隔 1 行改变一次钩织方向。然后按条纹编织花样继续钩 37 行。
●袜跟参照图解钩 22 行短针，接着按条纹编织花样钩 16 行，再钩 6 行的边缘编织。
●钩织 2 只相同的袜子。

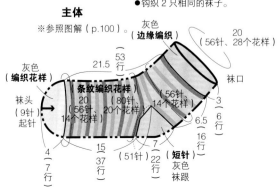

主体
※参照图解（p.100）。

灰色
（边缘编织）
20
（56针、28个花样）
灰色
（编织花样）
21.5
53
22行
袜头
（9针）
起针
（条纹编织花样）
20
（56针、20个花样）
（56针、
14个花样）
（56针
14个花样）
袜口
3
6
行
6.5
16
行
4
7
行
15
（51针）37
行
7
22
行
短针
灰色
袜跟

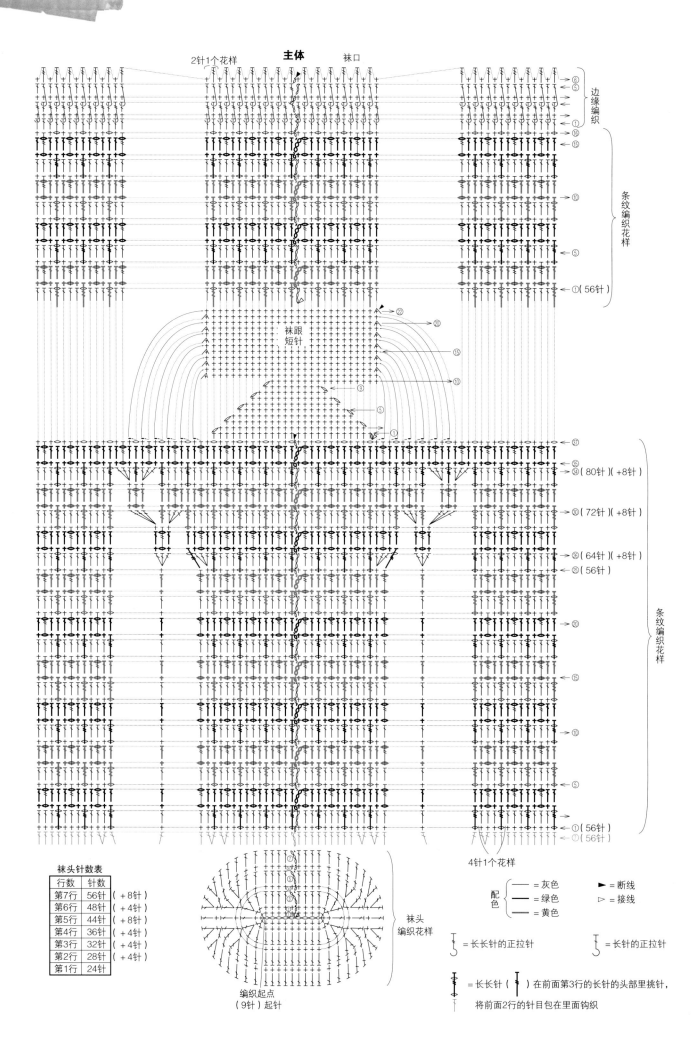

主体

2针1个花样　　　袜口

边缘编织

条纹编织花样

袜跟
短针

条纹编织花样

4针1个花样

袜头针数表	
行数	针数
第7行	56针（+8针）
第6行	48针（+4针）
第5行	44针（+8针）
第4行	36针（+4针）
第3行	32针（+4针）
第2行	28针（+4针）
第1行	24针

袜头
编织花样

编织起点
（9针）起针

配色
- ＝灰色
- ＝绿色
- ＝黄色

► ＝断线
▷ ＝接线

＝长长针的正拉针　　　＝长针的正拉针

＝长长针（　）在前面第3行的长针的头部里挑针，
将前面2行的针目包在里面钩织

主体

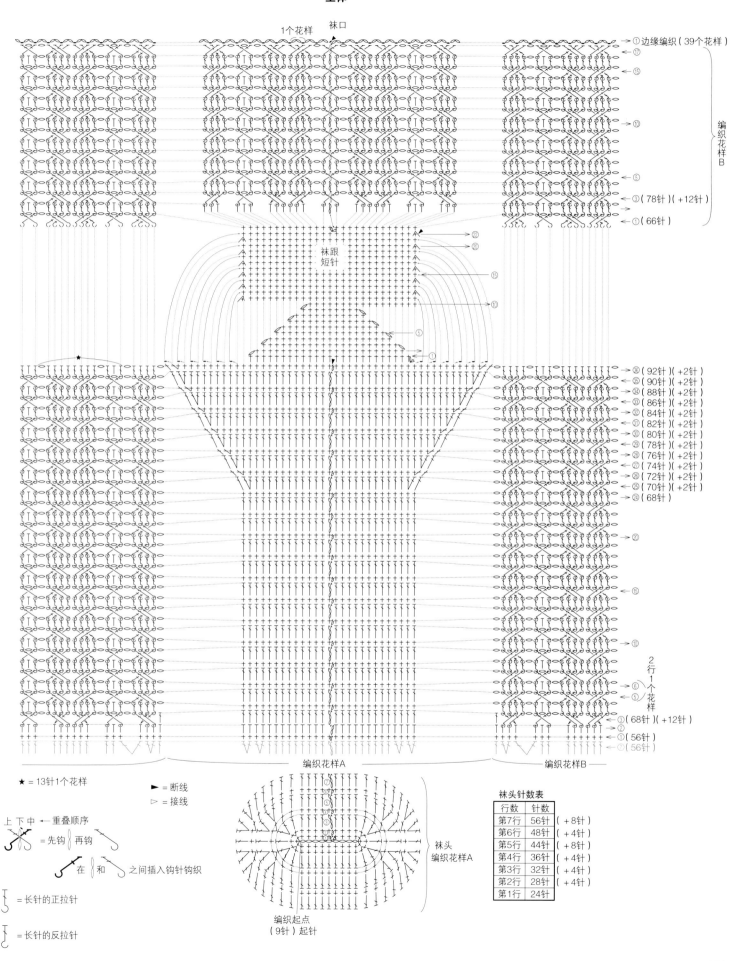

p.47
简约风编织帽

材料与工具

Hamanaka Sonomono Alpaca Wool< 中粗 > 原白色（61）60g

棒针根据线的粗细自选

成品尺寸

头围46cm，帽深23cm

密度

10cm×10cm 面积内：编织花样 23.5 针、26.5 行

编织要点

●用手指挂线起针法起 108 针，连接成环形后织 56 行编织花样。

●从第 57 行开始，参照图解一边做分散减针一边继续织 4 行编织花样。

●编织结束时在针目里穿入线头后拉紧，打结固定。

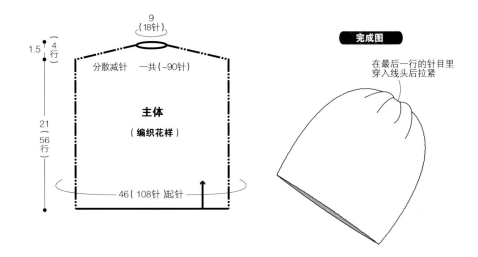

9（18针）

1.5（4行）

分散减针　一共（−90针）

主体

（编织花样）

21（56行）

46（108针）起针

完成图

在最后一行的针目里穿入线头后拉紧

编织花样

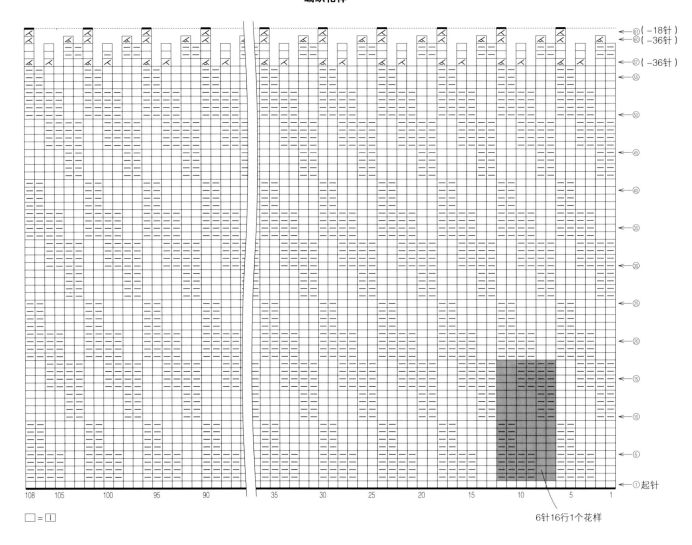

←61（−18针）
←60（−36针）
←57（−36针）
←55
←50
←45
←40
←35
←30
←25
←20
←15
←10
←5
←①起针

□ = □

6针16行1个花样

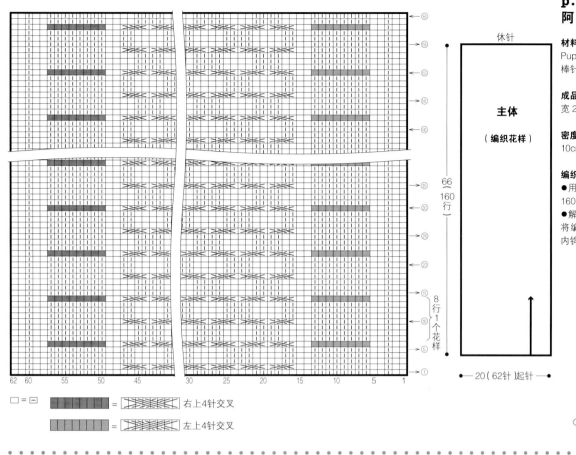

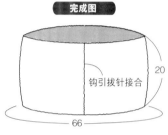

□ = □

▧▧▧▧▧ = ⤬⤬ 右上4针交叉

▨▨▨▨▨ = ⤬⤬ 左上4针交叉

p.46
阿兰花样的短围脖

材料与工具
Puppy BRITISH EROIKA米色系（200）140g
棒针 10 号

成品尺寸
宽 20cm，长 66cm

密度
10cm×10cm 面积内：编织花样 31 针、24 行

编织要点
●用另线锁针起针法起 62 针，按编织花样织 160 行，编织结束时休针备用。
●解开另线锁针，将针目移至另外的棒针上。将编织起点和编织终点的针目对齐，正面朝内钩引拔针接合，注意不要钩得太紧。

休针

主体
（编织花样）

66（160 行）

8 行 1 个花样

—20（62针）起针—

完成图

钩引拔针接合 20

66

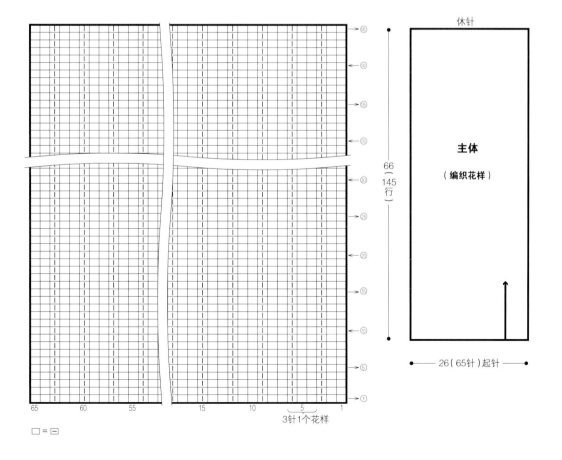

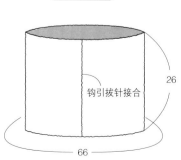

□ = □

p.46
罗纹针编织的短围脖

材料与工具
Puppy BRITISH EROIKA紫色系（183）140g
棒针 10 号

成品尺寸
宽 26cm，长 66cm

密度
10cm×10cm 面积内：编织花样 25 针、22 行

编织要点
●用另线锁针起针法起 65 针，按编织花样织 145 行，编织结束时休针备用。
●解开另线锁针，将针目移至另外的棒针上。将编织起点和编织终点的针目对齐，正面朝内钩引拔针接合，注意不要钩得太紧。

休针

主体
（编织花样）

66（145 行）

3针1个花样

—26（65针）起针—

完成图

钩引拔针接合 26

66

p.48
翻盖露指手套

材料与工具
主体 A：AVRIL CROSS BREAD 黑色（12）75g
手指翻盖 A：AVRIL CROSS BREAD 深灰色（07）
25g，直径 1.8cm 的茶色纽扣 2 颗
主体 B：AVRIL CROSS BREAD 蓝色（22）75g
手指翻盖 B：AVRIL CROSS BREAD 银灰色（02）
25g，直径 1.8cm 的黑色纽扣 2 颗
棒针 5 号，钩针 5/0 号

成品尺寸
主体周长 20cm、长 35cm，手指翻盖周长 20cm、深
10cm

密度
10cm×10cm 面积内：下针编织 22 针、30 行，双罗
纹针 31.5 针、25 行

编织要点
●主体用手指挂线起针法起 44 针，连接成环形后编织
10 行双罗纹针。
●织 69 行下针编织，从第 70 行开始往返编织 7 行，
从第 77 行开始环形编织 18 行，编织结束时做伏针收针。
●编织 2 个相同的主体。
●手指翻盖参照图解从挑针位置挑取 22 针，再从另线
锁针里挑针 22 针，环形编织 20 行下针。
●参照图解分散减针，编织结束时在针目里穿入线头后
拉紧。打死结，用剩下的线头钩 8 针锁针，制作纽襻。
●解开另线锁针的针目，挑取 22 针，织 10 行下针编织，
编织结束时做伏针收针。翻折 5 行后用卷针缝缝好两侧。
●手指翻盖左右对称编织 2 个。
●在缝纽扣位置缝上纽扣。

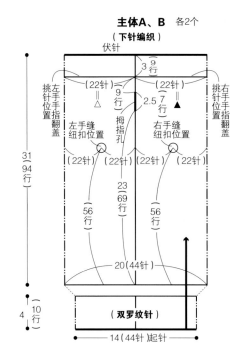

主体A、B　各2个
（下针编织）

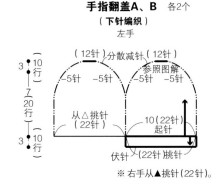

手指翻盖A、B　各2个
（下针编织）
左手

※ 右手从▲挑针（22针）。

配色表

	主体	手指翻盖	纽扣
A	黑色	深灰色	茶色
B	蓝色	银灰色	黑色

手指翻盖的分散减针

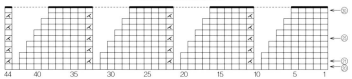

完成图

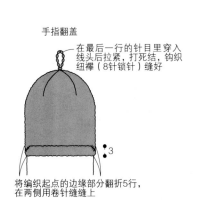

手指翻盖
在最后一行的针目里穿入
线头后拉紧，打死结，钩织
纽襻（8针锁针）缝好

将编织起点的边缘部分翻折5行，
在两侧用卷针缝缝上

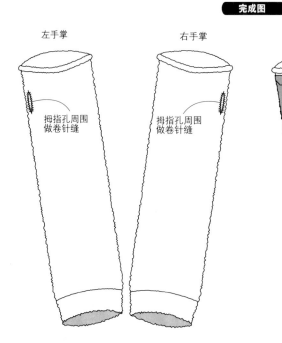

左手掌　　　右手掌
拇指孔周围
做卷针缝

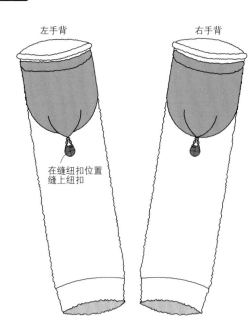

左手背　　　右手背
在缝纽扣位置
缝上纽扣

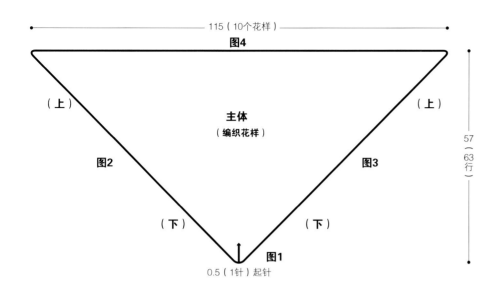

115（10个花样）

图4

（上）　　　　　　　（上）

主体
（编织花样）

图2　　　　　　　图3

（下）　　　（下）

图1
0.5（1针）起针

57
（63
行）

p.49
三角形菠萝花披肩

材料与工具
Puppy Lutz 黄绿色、黄色系段染（602）200g
钩针 5/0 号

成品尺寸
长 115cm，宽 57cm

编织要点
●钩 1 针锁针起针，参照图解，一边在两端加针
一边钩 63 行编织花样。

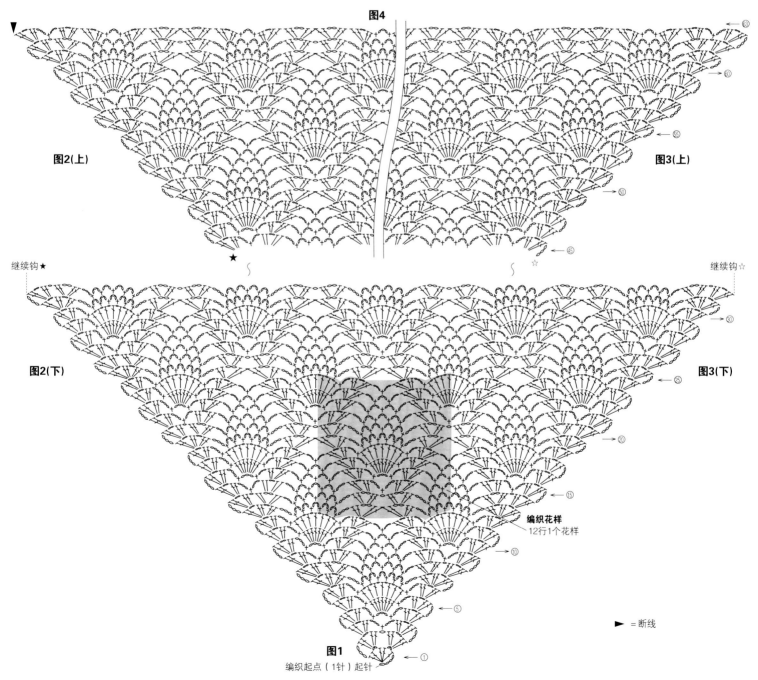

图4

图2（上）　　　　　　　　　　　图3（上）

继续钩★　　　★　　　☆　　　继续钩☆

图2（下）　　　　　　　　　　　图3（下）

编织花样
12行1个花样

图1
编织起点（1针）起针

► ＝断线

p.49
枣形针编织的室内鞋

材料与工具
Hamanaka Amerry 灰色（22）70g、原白色（20）5g
钩针6/0号

成品尺寸
鞋底长 23cm

密度
10cm×10cm 面积内：编织花样 18 针、11 行

编织要点
●环形起针，从鞋头开始钩织。一边加针一边钩 4 行编织花样。然后无须加减针环形钩织 7 行，断线。
●鞋口的 9 针休针，剩下的 29 针按编织花样往返钩织 14 行。最后一行如图所示进行减针。
●将主体正面朝内对折，后跟部分做 1 针锁针的引拔接合。鞋口钩 2 行的边缘编织。

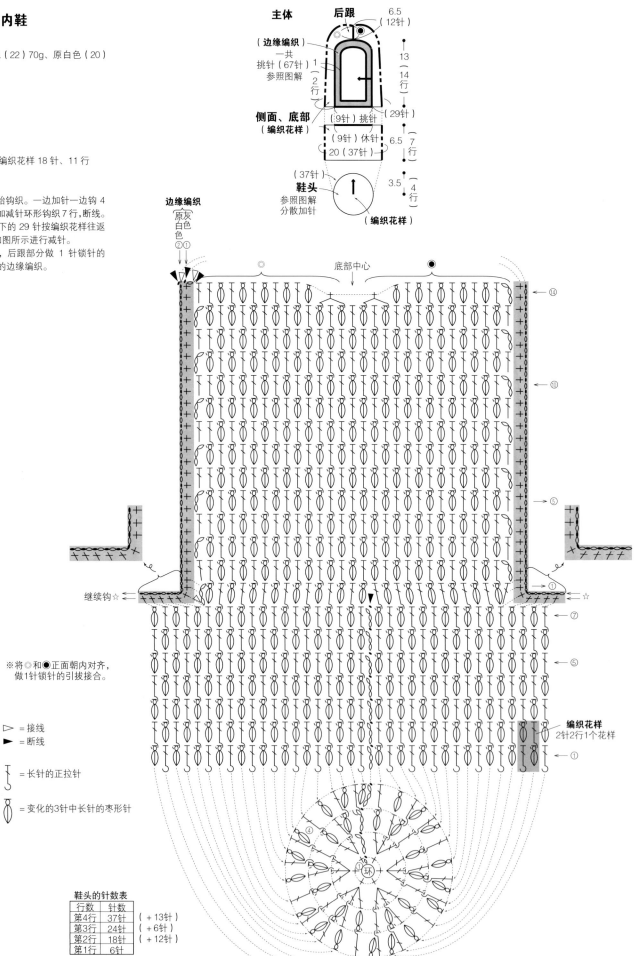

※将◎和●正面朝内对齐，
做1针锁针的引拔接合。

▷ =接线
► =断线

ǂ =长针的正拉针

=变化的3针中长针的枣形针

鞋头的针数表

行数	针数	
第4行	37针	（＋13针）
第3行	24针	（＋6针）
第2行	18针	（＋12针）
第1行	6针	

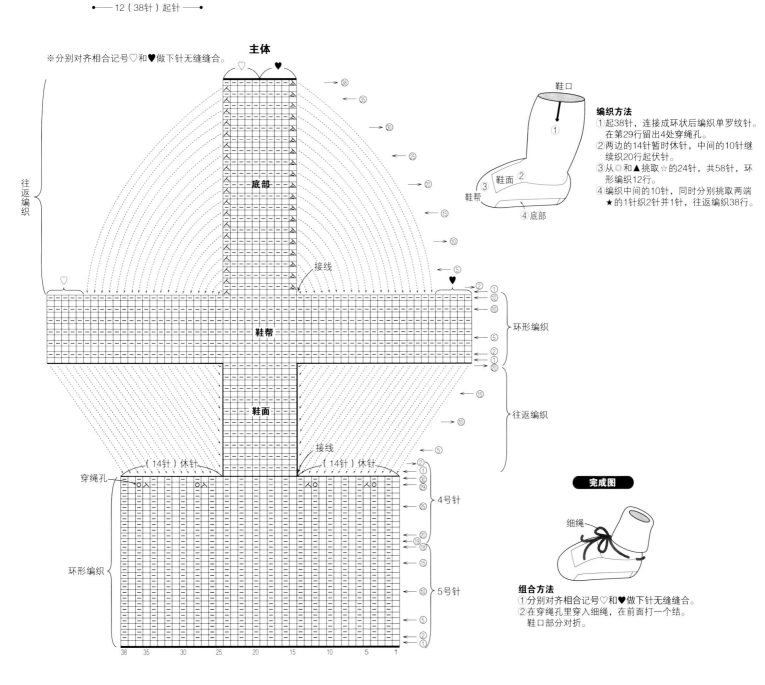

主体

（起伏针）
5号针 底部
（19针）

鞋帮

20.5（58针）
（24针）=☆

鞋面

3.5
（10针）
（14针）休针

4号针
（2针）

（7针）（15针）（7针）（3针）

穿绳孔
=
（1针）
18
行
5号针
28
行

（单罗纹针）鞋口

12（38针）起针

7.5
（38行）
2.5（12行）
4（20行）
7.5（30行）

细绳 2条 4/0号针

28（92针）起针

☆的24针分别从▲挑取10针、从◎的休针挑取14针

p.50
婴儿靴

材料与工具
Hobbyra Hobbyre Baby Pallet原白色（1）20g
棒针4号、5号，钩针4/0号

成品尺寸
鞋底长8.5cm，筒高9.5cm

密度
10cm×10cm面积内：起伏针28针、50行

编织要点
●从鞋口开始编织。用手指挂线起针法起38针，连接成环形，用5号棒针编织18行单罗纹针。从第19行开始换成4号棒针，织至第30行。再换成5号棒针，参照图解继续织20行起伏针作为鞋面，织12行作为鞋帮，织38行作为底部，编织2只相同的靴子。
●钩织2条细绳，穿入主体系好。

※分别对齐相合记号♡和♥做下针无缝缝合。

主体

往返编织

底部

鞋帮

鞋面

接线

接线

（14针）休针 （14针）休针

穿绳孔

环形编织

4号针

5号针

环形编织

往返编织

38 35 30 25 20 15 10 5 1

鞋口

鞋面
鞋帮
①
②
③
④底部

编织方法
①起38针，连接成环状后编织单罗纹针。在第29行留出4处穿绳孔。
②两边的14针暂时休针，中间的10针继续织20行起伏针。
③从◎和▲挑取☆的24针，共58针，环形编织12行。
④编织中间的10针，同时分别挑取两端★的1针织2针并1针，往返编织38行。

完成图

细绳

组合方法
①分别对齐相合记号♡和♥做下针无缝缝合。
②在穿绳孔里穿入细绳，在前面打一个结。鞋口部分对折。

p.45
红白双色的暖手袋外套

材料与工具
RichMore SPECTRE MODEM FINE红色（322）
65g、原白色（302）40g，直径2.5cm的纽扣2颗
棒针8号、6号

成品尺寸
宽25cm，深28.5cm

密度
10cm×10cm面积内：配色花样22针、26.5行

编织要点
●用8号棒针、手指挂线起针法起110针，连接成环形后按配色花样织72行，无须加减针。
●换成6号棒针，减针并环形编织8行双罗纹针，将46针做伏针收针。翻盖部分往返编织剩下的54针，一边留出扣眼一边织34行。编织结束时做伏针收针。
●主体底部在第2行做下针无缝缝合。在指定位置缝上纽扣。

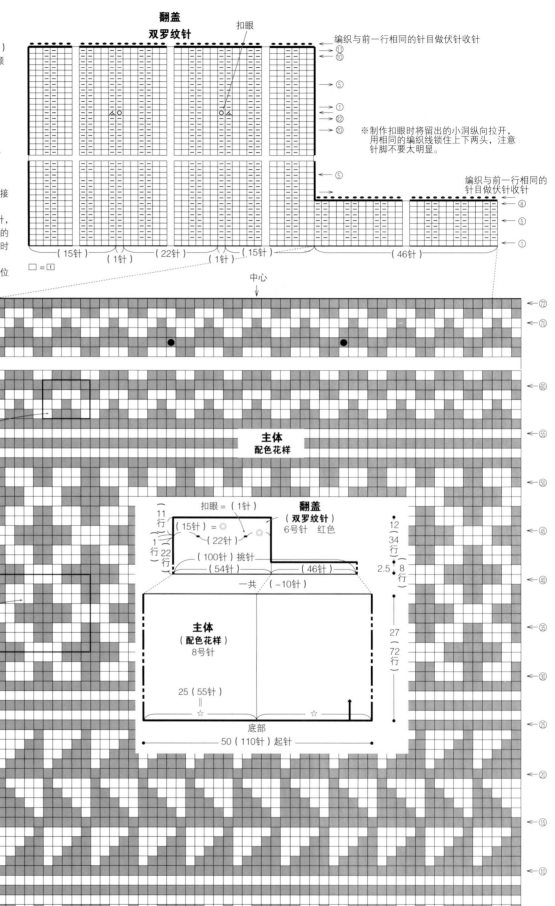

翻盖
双罗纹针
扣眼
编织与前一行相同的针目做伏针收针

※制作扣眼时将留出的小洞纵向拉开，用相同的编织线锁住上下两头，注意针脚不要太明显。

编织与前一行相同的针目做伏针收针

（15针）（1针）（22针）（1针）（15针）　（46针）
□ = 回

● = 缝纽扣位置

5针4行1个花样
重复4次

中心

主体
配色花样

10针8行
1个花样

扣眼 =（1针）
（15针）= ◎
（22针）
（100针）挑针
（54针）
一共（-10针）

翻盖
（双罗纹针）
6号针　红色

12
34行

2.5 | 8行

主体
（配色花样）
8号针

27
（72行）

25（55针）

底部

50（110针）起针

■ = 红色
□ = 原白色

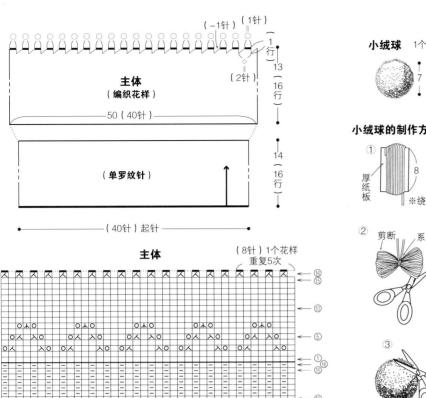

（−1针）（1针）

1行

13

16行

（2针）

14

16行

主体
（编织花样）

50（40针）

（单罗纹针）

（40针）起针

主体

（8针）1个花样
重复5次

⑯
⑮

⑩

⑤

⑪
⑯
⑮

⑩

⑤

①

40　35　30　25　20　15　10　5　1　（起针）

□ = 回

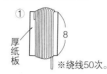

小绒球 1个

7

小绒球的制作方法

① 厚纸板 8

※绕线50次。

② 剪断 系紧

③ 修剪

p.53
镂空花样的帽子

材料与工具
Clover Jumbo Merino 原白色（61–581）160g
特大号环形针 12mm

成品尺寸
头围 50cm，帽深 20cm

密度
10cm × 10cm 面积内：编织花样 8 针、12 行

编织要点
●主体用手指挂线起针法起40针，连接成环形后织16行单罗纹针。编织花样无须加减针编织15行，在第16行做2针并1针的减针。在剩下的针目（20针）里穿入线头后拉紧。如图所示制作小绒球，缝在主体顶部。

完成图

主体编织结束时在剩下的针目里穿入线头后拉紧

缝上小绒球

主体

将单罗纹针部分对折

7

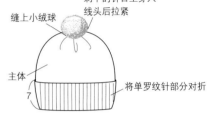

主体
（短针的棱针条纹花样）

帽顶一侧

52
（52行）

25（25针）起针

编织起点

⑤⑩⑮㊵㊺㊼㊿⑤②

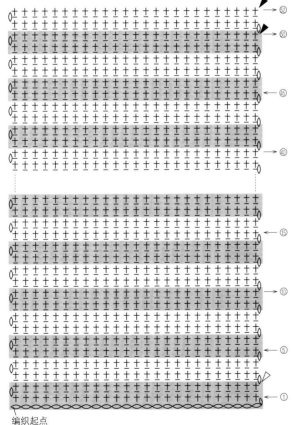

▷ = 接线
▶ = 断线
十 = 短针的棱针
十 = 黑灰色
十 = 浅灰色

小绒球 1个

7

厚纸板 8

※用黑灰色和浅灰色2根线绕线35次。

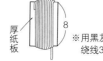

p.54
条纹花样的尖顶帽子

材料与工具
Clover Jumbo Merino 浅灰色（61–584）、黑灰色（61–589）各 120g
特大号钩针 8mm

成品尺寸
头围 52cm，深 25cm

密度
10cm × 10cm 面积内：短针的棱针条纹花样 10 针、10 行

编织要点
●钩25针锁针起针，一边配色一边往返编织52行短针的棱针。配色线纵向渡线编织。
●如图所示进行组合，将小绒球缝在帽顶。

组合方法　帽顶

① 将编织起点和编织终点正面朝内对齐，做引拔缝合（用黑灰色线）。

② 帽顶做绒缝，拉紧（用黑灰色线）。

翻至正面

☆ ★

完成图

缝上小绒球

主体编织结束时在剩下的针目里穿入线头后拉紧

主体

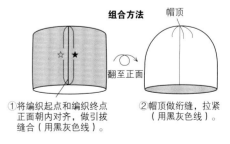

109

p.51
可做围巾的 V 领交叉开衫

材料与工具
Wister Aria 红色系（103）190g
棒针 10 号
钩针 8/0 号

成品尺寸
宽 35cm，长 170cm

密度
10cm×10cm 面积内：编织花样 9 针、12.5 行

编织要点
●用手指挂线起针法起 31 针，织 4 行起伏针，继续按编织花样织 205 行。然后织 3 行起伏针，编织结束时做伏针收针。
●钩织 4 颗纽扣，参照主体的缝纽扣位置，在正面缝 2 颗，在反面缝 2 颗。
●V 领交叉开衫参照图示进行组合。

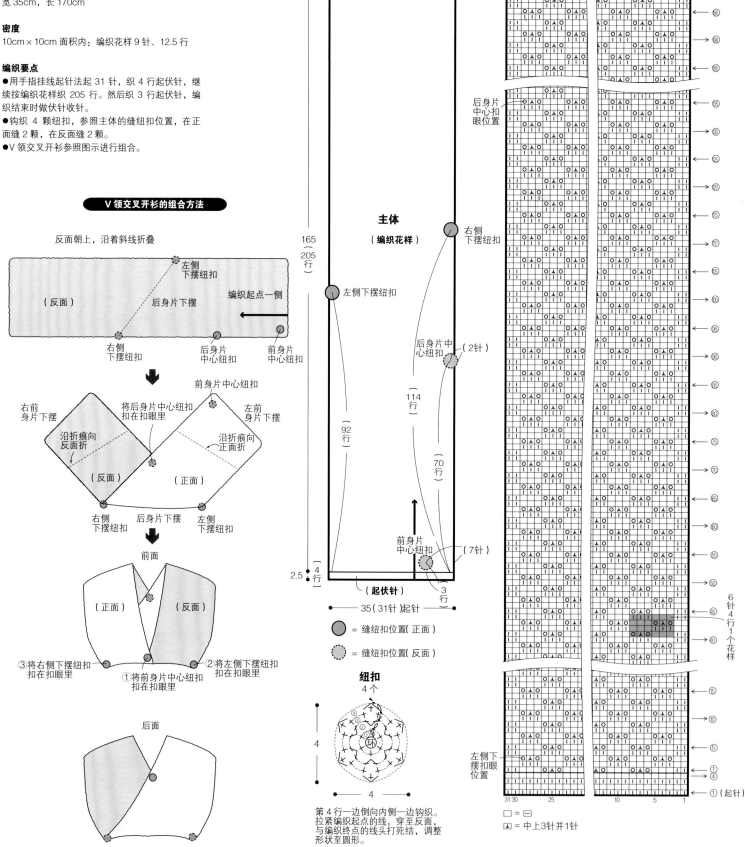

V 领交叉开衫的组合方法

反面朝上，沿着斜线折叠

（反面）　　后身片下摆　　编织起点一侧

右侧下摆纽扣　后身片中心纽扣　前身片中心纽扣

将后身片中心纽扣扣在扣眼里　前身片中心纽扣

右前身片下摆　左前身片下摆

沿折痕向反面折　（反面）　（正面）　沿折痕向正面折

右侧下摆纽扣　后身片下摆　左侧下摆纽扣

前面

（正面）　（反面）

③将右侧下摆纽扣扣在扣眼里　①将前身片中心纽扣扣在扣眼里　②将左侧下摆纽扣扣在扣眼里

后面

主体（编织花样）

（起伏针）　伏针
2.5　3 行

左侧下摆纽扣　右侧下摆纽扣

后身片中心纽扣（2 针）

165（205 行）

114 行

92 行

70 行

前身片中心纽扣（7 针）

（起伏针）　3 行
2.5　4 行

35（31 针）起针

● = 缝纽扣位置（正面）
◌ = 缝纽扣位置（反面）

纽扣
4 个

4
4

第 4 行一边倒向内侧一边钩织。
拉紧编织起点的线，穿至反面，
与编织终点的线头打死结，调整
形状至圆形。

主体

做下针的伏针收针

前身片中心扣眼位置
右侧下摆扣眼位置

后身片中心扣眼位置

6 针 4 行 1 个花样

左侧下摆扣眼位置

31 30　25　10　5　1　（起针）

□ = ▯
▲ = 中上 3 针并 1 针

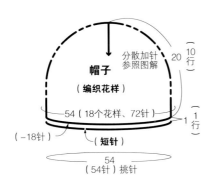

帽子
（编织花样）

分散加针
参照图解

54（18个花样、72针）

（−18针） （短针）

54
（54针）挑针

20 〔10行〕

1行

p.54
爆米花针编织的帽子

材料与工具
Clover Jumbo Knot 米色（61−561）110g
特大号钩针 8mm

成品尺寸
头围 54cm，帽深 21cm

密度
10cm×10cm 面积内：编织花样 10针、5行

编织要点
●环形起针，按编织花样钩织。参照图解，一边加针一边钩 10行。
●边缘一边减针一边钩短针。

► = 断线

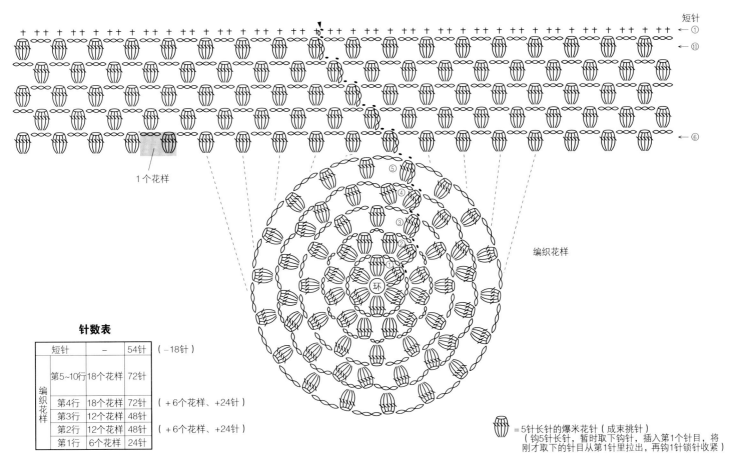

短针 ①
← ⑩

← ⑥

1个花样

编织花样

= 5针长针的爆米花花样（成束挑针）
（钩5针长针，暂时取下钩针，插入第1个针目里，将刚才取下的针目从第1针里拉出，再钩1针锁针收紧）

针数表

	短针	−	54针	（−18针）
编织花样	第5~10行	18个花样	72针	
	第4行	18个花样	72针	（+6个花样、+24针）
	第3行	12个花样	48针	
	第2行	12个花样	48针	（+6个花样、+24针）
	第1行	6个花样	24针	

下针无缝缝合

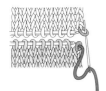

1
对齐2片织片，从反面将缝针依次插入下面和上面织片的端针里。

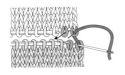

2
将缝针插入下面织片的2个针目里，然后如箭头所示将缝针插入上面织片的2个针目里。

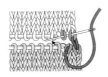

3
如箭头所示，再将缝针插入下面织片的2个针目里，拉线，将针目调整至 1针下针的大小。

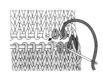

4
接着将缝针插入上面织片的2个针目里。重复步骤**2~4**。

5
最后将缝针从前往后插入上面织片的针目里。织片边上有半针的错位。在反面处理好线头。

p.21
配色编织的袜子

材料与工具

Olympus Milky Kids 原白色（51）54g、黄色（53）34g、灰色（62）28g

棒针7号、6号、5号

成品尺寸

袜底长约23cm，袜筒长30.5cm

密度

10cm×10cm 面积内：配色花样28针、27行，编织花样23.5针、30行

编织要点

●用另线锁针起针法起56针，连接成环形后按编织花样编织21行。

●接着按配色花样织43行，在指定位置的28个针目里编入另线，继续编织31行。

●参照图解，一边减针一边织16行下针作为袜头，然后做下针无缝缝合。

●解开中途编入的另线，挑取60针，参照图解织16行下针作为袜跟，然后做下针无缝缝合。

●袜口部分解开起针时的另线锁针挑取针目，织8行单罗纹针，结束时编织与前一行相同的针目做伏针收针。

p.21
踩脚保暖袜套

材料与工具

Olympus Milky Kids原白色（51）54g、红色（58）34g、藏青色（61）24g

棒针7号、6号、5号

成品尺寸

袜底长约23cm，袜筒长30.5cm

密度

10cm×10cm 面积内：配色花样28针、27行，编织花样23.5针、30行

编织要点

●用另线锁针起针法起56针，连接成环形后按编织花样编织21行。

●接着按配色花样织43行，在指定位置的28个针目里编入另线，继续编织31行。

●袜头部分无须减针，织8行单罗纹针，结束时编织与前一行相同的针目做伏针收针。

●解开中途编入的另线，挑取针目后织袜跟，无须减针编织8行单罗纹针，结束时编织与前一行相同的针目做伏针收针。

●袜口部分解开起针时的另线锁针挑取针目，织8行单罗纹针，结束时编织与前一行相同的针目做伏针收针。

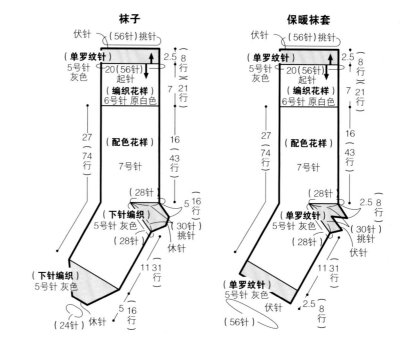

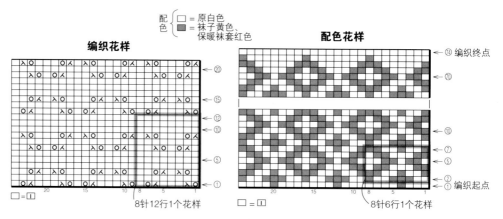

※注意：编织起点的1行和编织终点的3行与配色花样略有不同。

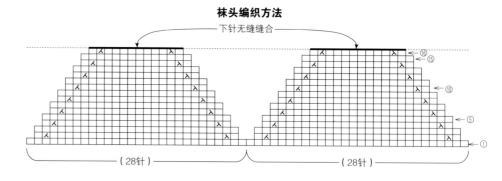

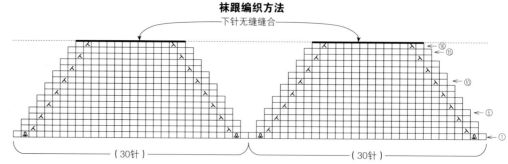

回 = 扭加针

※挑针时，为避免袜面和袜底交界处出现小洞，织扭加针。

编织花样

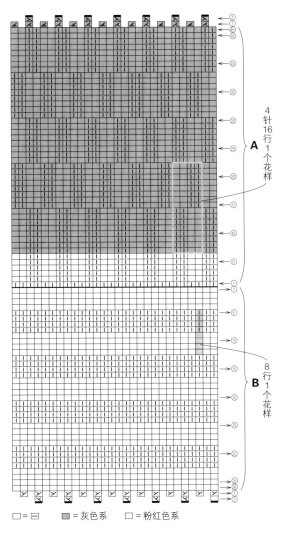

□=□= ■=灰色系 □=粉红色系

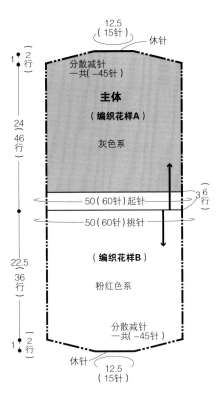

12.5
(15针) 休针

分散减针
一共(-45针)

主体
（编织花样A）
灰色系

24
(46行)

50(60针)起针

50(60针)挑针

（编织花样B）
粉红色系

22.5
36行

分散减针
一共(-45针)

休针
12.5
(15针)

p.52
一款两用的围脖

材料与工具
Wister Stella 灰色系（111）、粉红色系（112）各85g
棒针15号，钩针10/0号

成品尺寸
宽50cm，长48.5cm

密度
10cm×10cm 面积内：编织花样 A 12 针、19 行，编织花样 B 12 针、16 行

编织要点
●用另线锁针起针法起 60 针，用粉红色系线按编织花样 A 环形编织 6 行。
●换成灰色系线，按编织花样 A 织 40 行，再一边分散减针一边织 2 行后休针备用。
●解开起针时的另线锁针，用粉红色系线挑取 60 针，按编织花样 B 织 36 行，然后一边分散减针一边织 2 行后休针备用。
●分别在两端编织结束时的针目里，每隔一针交错穿入剩下的线头，穿 2 次后拉紧。
●用灰色系线制作小绒球，缝在编织花样A部分的顶部。
●用粉红色系线钩织细绳，在编织花样B部分收紧的中心位置穿入细绳，然后分别在两端打一个结，再系成蝴蝶结。

小绒球的制作方法 灰色系

细绳（锁针）粉红色系

70(100针)

组合方法

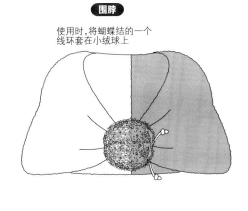

缝上小绒球

48.5 50

在收紧的地方穿入细绳，系成蝴蝶结
分别在两端打一个结

围脖
使用时,将蝴蝶结的一个线环套在小绒球上

帽子

将B塞进A里，变成双层结构

113

p.52
波浪饰边围脖

材料与工具
Wister Rigato 灰色系（94）190g
棒针 12 号，钩针 8/0 号

成品尺寸
宽 20cm，长 149cm

密度
10cm×10cm 面积内：下针编织 15 针、14.5 行

编织要点
●用手指挂线起针法起 15 针，织 216 行下针编织后做伏针收针。
●将编织起点和编织终点的针目正面朝外对齐后做卷针缝。
●参照图解，在两侧做边缘编织。

完成图

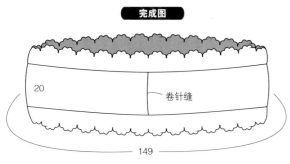

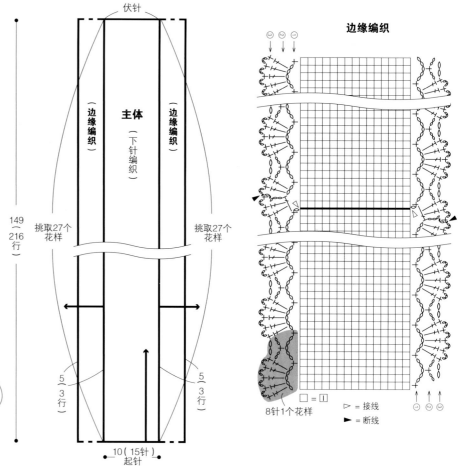

伏针

边缘编织（ ）

主体（下针编织）

边缘编织（ ）

149（216 行）

挑取27个花样

挑取27个花样

5/3 行

5/3 行

10（15针）起针

边缘编织

□ = 工

▷ = 接线
► = 断线

8针1个花样

p.53
麻花针帽子

材料与工具
Clover Jumbo Knot深红色系段染（61–562）65g
特大号棒针 8mm（4 根一组）

成品尺寸
头围 50cm，帽深 20cm

密度
10cm×10cm 面积内：编织花样 16 针、18 行

编织要点
●用手指挂线起针法起 64 针，连接成环形后编织 8 行双罗纹针。
●在编织花样的第 1 行加 16 针，然后无须加减针织至第 20 行。接着一边分散减针一边织 6 行。在剩下的针目（24 针）里穿入线头后拉紧，打结固定。

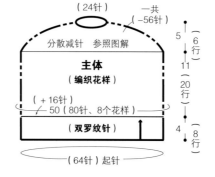

（24针）

一共（-56针）

分散减针 参照图解

主体（编织花样）

（+16针）

50（80针、8个花样）

（双罗纹针）

（64针）起针

5 / 6行
11 / 20行
4 / 8行

完成图

编织结束时在剩下的针目里穿入线头后拉紧

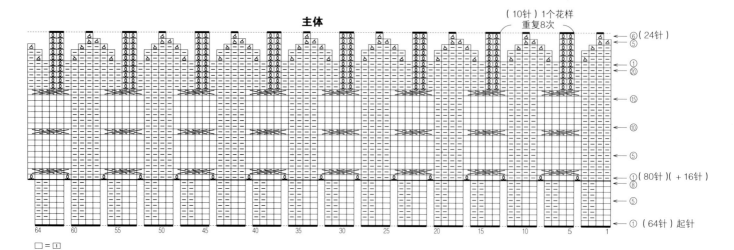

主体

（10针）1个花样 重复8次

⑥（24针）
⑤
①
⑳
⑮
⑩
⑤
①（80针）（+16针）
⑧
①（64针）起针

64 60 55 50 45 40 35 30 25 20 15 10 5 1

□ = 工

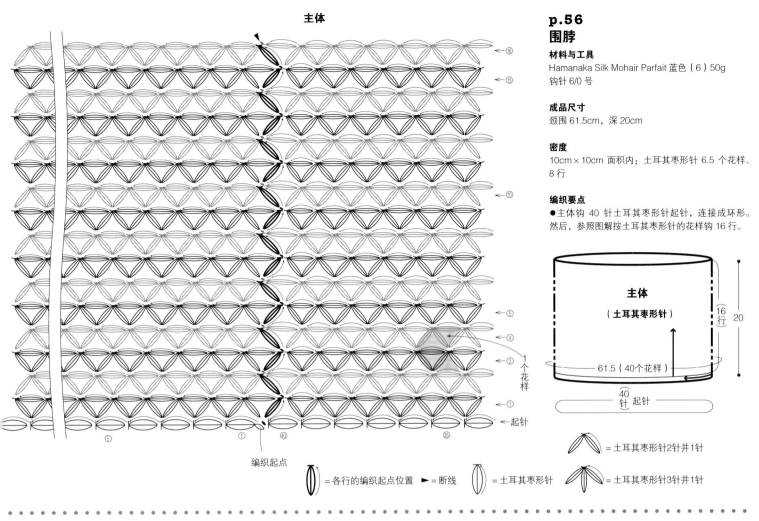

主体

p.56
围脖

材料与工具
Hamanaka Silk Mohair Parfait 蓝色（6）50g
钩针 6/0 号

成品尺寸
颈围 61.5cm，深 20cm

密度
10cm×10cm 面积内：土耳其枣形针 6.5 个花样、
8 行

编织要点
●主体钩 40 针土耳其枣形针起针，连接成环形。
然后，参照图解按土耳其枣形针的花样钩 16 行。

主体
（土耳其枣形针）

16 行　20

61.5（40个花样）

40针 起针

= 土耳其枣形针2针并1针

= 土耳其枣形针3针并1针

编织起点

1个花样

起针

= 各行的编织起点位置　►= 断线　= 土耳其枣形针

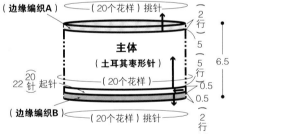

（边缘编织A）　（20个花样）挑针

主体
（土耳其枣形针）

（20个花样）

22 20针 起针

（边缘编织B）　（20个花样）挑针

0.5
2 行
5
5 行
0.5
0.5
2 行

6.5

= 土耳其枣形针

= 土耳其枣形针2针并1针

= 土耳其枣形针3针并1针

p.55
杯套

材料与工具
Hamanaka Alpaca Extra 绿色系段染（3）、红色
系段染（7）各17g
钩针 3/0 号

成品尺寸
周长 22cm，深 6.5cm

密度
10cm×10cm 面积内：土耳其枣形针 9 个花样、
10 行

编织要点
●主体钩20针土耳其枣形针起针，连接成环形。然
后，参照图解按土耳其枣形针的花样钩5行。
●分别钩 2 行边缘编织 A 和 B。

= 每行土耳其枣形针的
编织起点位置　►= 断线　▷= 接线

主体

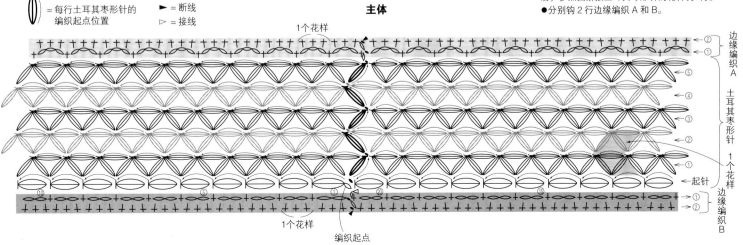

1个花样

边缘编织A

土耳其枣形针

1个花样

边缘编织B

起针

编织起点

1个花样

p.56
帽子

材料与工具
Hamanaka Fair Lady 50 米色（46）110g
钩针 6/0 号

成品尺寸
头围 58cm，深 21cm

密度
10cm×10cm 面积内：土耳其枣形针 6.5 个花样、6.5 行，编织花样 20 针、10.5 行

编织要点
●主体钩38针土耳其枣形针起针，连接成环形。然后，参照图解按土耳其枣形针的花样钩4行。继续按编织花样一边分散减针一边钩15行。
●在最后一行剩下的针目的头部后半针里穿入线头拉紧，打结固定。

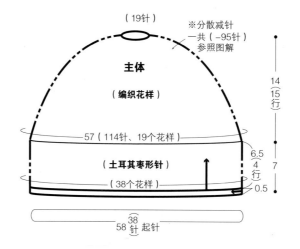

※分散减针
一共（−95针）
参照图解

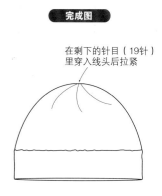

完成图

在剩下的针目（19针）里穿入线头后拉紧

编织花样针数表	
行数	针数
第15行	19针（−19针）
第14行	38针
第13行	38针（−38针）
第8～12行	76针
第7行	76针（−38针）
第2～6行	114针
第1行	114针

主体

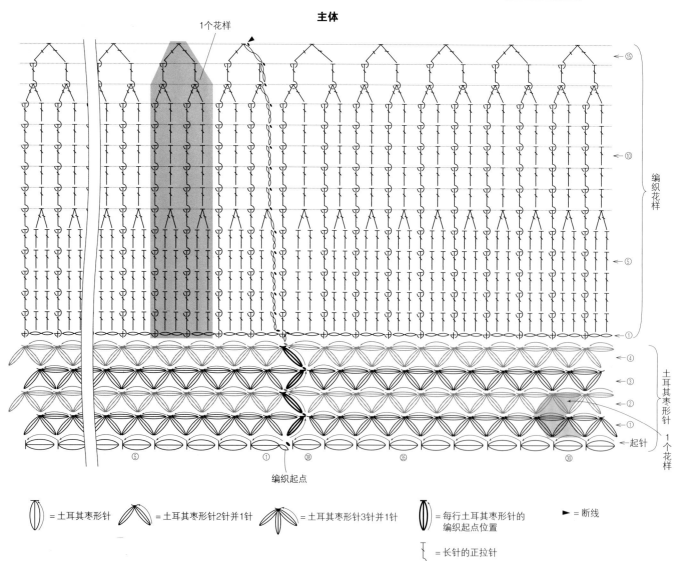

编织起点

= 土耳其枣形针　　= 土耳其枣形针2针并1针　　= 土耳其枣形针3针并1针　　= 每行土耳其枣形针的编织起点位置　　► = 断线

= 长针的正拉针